U0151230

Biology as Ideology: The Doctrine of DNA

作为意识形态的生物学

关于DNA的学说

[美] R. C. 列万廷 - 著
罗文静 - 译

R. C. Lewontin

南京大学出版社

图书在版编目（CIP）数据

作为意识形态的生物学：关于DNA的学说 / (美)R.C.列万廷 (R. C. Lewontin) 著；罗文静译. — 南京:南京大学出版社, 2022.8
（现代人小丛书）
书名原文: Biology as Ideology: The Doctrine of DNA
ISBN 978–7–305–25752–0

Ⅰ. ①作… Ⅱ. ①R… ②罗… Ⅲ. ①生物学 Ⅳ. ①Q

中国版本图书馆CIP数据核字(2022)第091791号

出版发行 南京大学出版社
社　　址 南京市汉口路22号　邮　编 210093
出 版 人 金鑫荣

丛 书 名 现代人小丛书
书　　名 作为意识形态的生物学：关于DNA的学说
著　　者 [美] R.C.列万廷
译　　者 罗文静
策 划 人 严搏非
责任编辑 梁承露
特约编辑 田　奥　李　姗
装帧设计 道辙 at Compus Studio

印　　刷 山东临沂新华印刷物流集团有限责任公司
开　　本 787 × 1092 1/32　印张 4.75　字数 66千
版　　次 2022年8月第1版　2022年8月第1次印刷
ISBN 978–7–305–25752–0
定　　价 45.00元

网　　址 http://www.njupco.com
官方微博 http://weibo.com/njupco
官方微信 njupress
销售热线（025）83594756

“现代人小丛书”策划人言

20世纪60年代以后，全球资本主义进入消费社会时代，奥威尔在《1984》中预言的“老大哥”的普遍统治并没有出现，但赫胥黎所预言的《美丽新世界》却欣然降临，人们生活在感官刺激的消费景观中，而自己也欢乐地成为这景观的一部分却不自知。

300年的现代性给人类社会带来巨大进步，许多过去年代不可想象的权利和自由成为人类生活不可或缺的基本内容，但它的问题却也伴随着这些进步同时裸露出来，成为这个时代不可摆脱的困惑。

“现代人小丛书”的作者是一群世界一流的知识分子和专家，他们从各个不同的与日常生活紧密相关的领域或问题出发，向公众提供面对后现代社会诸多问题的基本知识和批判性思考。它不是一套传统的公民读本，它讲述的是即便人们已经有了基本政治权和社会经济权之后，现代社会依旧没有摆脱的工具理性的“铁笼”命运，而生活在其中的人们，当如何面对这些命运。在残缺的人性和不够坚强的道德理性面前，如何坚持对一种好生活的塑造。

这套书是理解今天之现代性的批判性思考，它应该成为今日社会的普遍知识，以帮助每个现代人在今天的充满困惑的生活中保持批判的理性和审慎的乐观，以及，更重要的，保持并回归真正自我的本真。

目 录

前言

对于西方文化史中的大部分而言，大众社会意识主要来源于传统和基督教会，甚至是那些社会革命者（比如美国革命中的思想家们），为了寻求其政治的正当性，也热衷于将政治预言成某种天意。然而，到了 20 世纪，西方社会变得愈加世俗，社会理论的主要来源也变成了专业的知识分子——科学家、经济学家、政治理论家和哲学家。这些人中的大部分在高校就职。这些知识分子意识到他们有能力去塑造大众意识，并且不断地寻求可以宣传他们理念的方法。常见的方式就是让自己通过一些无所不包和通常相对简单的“发现”而小有名气起来，这种发现是关于人类社会和心灵存在的秘密。这样的发现通常是关于性别、金钱或者基因。一个理论要是能解释所有事情并且简单而引人注目，就可以换来好的报道、好的广播节目、好的电视节目，以及一系列畅销书。一个人只要具备了学术权威、还凑合的写作风格，以及一个简单有力的观点，就很容易影响大众的意识。

另一方面，如果一个人认为事物是复杂、充满不确定性又杂乱无章的，并没有一个简单的规则或者力量可以解释过去并且预言人类的未来，那么他的观点就很难得到传播。关于生命的复杂性，以及我们不了解其决定因素的谨慎声明并不是演艺事业。

幸运的是，还是有这样一种传统，就是通过提供一个公众论坛来呈现一个更为复杂而没那么作秀的世界观给公众，梅西讲座就是这样一个重要的平台。所以，能够受邀在加拿大广播公司做 1990 年度的梅西讲座并将其结集成文，我既感荣幸又开心。这样的邀请为我提供了一个机会去反驳以下这些观点：科学是由简单的客观真理组成，单靠生物学家的讲解，我们就能掌握所有值得掌握的关于人类存在的知识。

科学的修辞，尤其是它的书面修辞，与普通的交流方式截然不同，所以要做一系列贴近大众的广播节目是非常难的。我还遇到了进一步的困难，那就是如何以一种生动的方式把讲稿内容呈献给听众。我要将这些问题的解决归功于加拿大广播公司的吉尔·艾森（Jill Eisen）的非常重要的评判，是她一再督促我反复去做，直到做好为止。可以说没有她的辛勤工作和鼓励，广播呈现出来的内容会是彻底失败的。

在讲稿结集成册的过程中，我没有把讲稿的文体转变成书面的知识产物，而是尽可能地保留了原先广播讲座的风味。这样做不可避免地会造成一定的跳跃无章，又或是不够明晰。我要特别感谢肖恩·奥基（Shaun Oakey）为文本进行了编辑使其明白无误。是他为讲稿做了极大的改进。

最后，我要感谢瑞秋·纳斯卡（Rachel Nasca），是她听写我的录音，抄录我难以辨认的潦草笔迹，没有她就不会有任何的产出。

R. C. 列万廷

马萨诸塞州剑桥城

1991 年 7 月 16 日

第一讲 一个合理的怀疑论

科学是一种社会制度，我们对科学存在很多误解，甚至有些科学工作者也是如此。我们认为科学其实是被称之为“科学的”（scientific）这样一种制度、一系列方法、一群人以及大量的知识，在某种程度上，它和那些支配我们日常生活以及管理社会组织的力量是分开的。我们认为科学是客观的，它为我们带来了各种好处——粮食产量得到了极大增长，预期寿命从19世纪初的短短45岁提升到了70岁以上（比如在北美这样的富裕地区），将人类送上了月球，又让我们坐在家中就能知晓天下事。

与此同时，与其他生产活动、国家、家庭、体育类似，科学这样一种社会制度完全融入了其他社会制度的结构当中，并且受各种制度的影响。源自社会的偏好深深地影响着那些科学所处理的问题、研究这些问题的观念，以及甚至从科学研究中得到的所谓“科学的成果”。毕竟，科学家也不是生来就是科学家，而是沉浸在国家、家庭与生产结构当中的社会人。他们对自然的看法，是受自身社会经验影响的。

除了受科学家个人理解影响，科学还被社会所塑造，因为它是需要花费时间和金钱的人类生产活动。

因此，科学受世界上能支配金钱和时间的力量的引领和领导。科学使用商品，也是生产商品的一个环节；科学耗费金钱，它也可以是人们谋生的方式。因此，占据社会与经济主导地位的力量很大程度上决定着科学要做些什么以及如何开展。不仅如此，这些力量又有权力汲取科学思想，这些思想特别适合于前者所组成的社会结构的维系和持续繁荣。因此，其他社会制度影响了科学做了什么和如何思考。它们从科学中选取了那些能够支持自身制度的概念和理念，并使其看起来合理又自然。一方面，社会影响并决定着科学家们的所做所言；另一方面，科学家们的所做所言又进一步支持了其他社会制度。当我们将科学作为意识形态谈论时，就是谈论这两个进程。

科学有两个作用。首先，通过一系列技术、实践和发明，它为我们提供了掌控物质世界的新方式。这些技术、实践和发明产生新事物，改变我们的生活质量。为了挣钱，科学家们用科学的这些用处向政府申请科研经费，或是以公关为目的登上报纸的头版。我们总是不断地阅读到“科学家发现”某样事物，但通常这些发现的公布会带着限定修饰词。譬如“生物学家们找到了‘有朝一日’‘有可能’治愈癌症的‘基因证据’”。虽然他们过度乐观的报告引起了某种愤世嫉俗的情绪，但科学家们的确改变了我们面对物质世界的方式。

科学的第二个作用是解释作用，这种作用有时独立存在，有时又与第一个作用紧密连接。尽管科学家并没有从实质上改变我们存在的物质模式，但他们不断地在解释事物为何以这种方式存在。人们经常认为，为了最终通过实践改变世界，就必须产生出这些关于世界的理论。毕竟如果我们不了解到底是什么导致了癌症，我们又如何治愈癌症呢？除非我们了解遗传定律和动植物营养学，不然我们又怎样提高粮食产量呢？

然而，特别多重要的应用科学与理论毫无关系。在第三讲中，我将阐述科学的农业改变的一个最有名的例子——杂交玉米在全世界的引进。杂交玉米被认为是现代遗传学在实践方面的伟大成就之一，它在为人类提供粮食和提高人们生活水平上起到了帮助。但是，应该说几乎所有的动植物的培育，包括杂交玉米这一种类，在真正培育开始之时都是以一种完全独立于任何科学理论的方式来开展的。事实上，今天，很多动植物育种方法和遗传学诞生之前数世纪的方法是无差别的。

同理，当我们尝试去对付癌症或者心脏病这样的致命性疾病时，大多数癌症的治疗方式是手术移除快速生长的肿瘤或是用化疗、放疗杀死癌细胞。几乎所有癌症治疗的进展都不是源于对细胞生长发育的基本过程的深入理解，尽管几乎所有的癌症研究，在纯粹的临床研究之上，都是致力于理解细胞生物学最本质的细节。除去那些对科学医学的探讨，医学从根本上还是一个需要人去实践的类别。

此外，在第三讲中我还会探讨科学生物与人类预期寿命改变的关系。我们还不清楚，正确理解世界是如何运作的，是成功掌控世界的基础。但了解世界是如何真正运作其实是为了另一个目的而服务，这个目的带来过显著的成效，它与科学论断的实践性真理无关，这个目的就是**合法化**（legitimation）。

抛开一个人的政治观点不谈，所有人必须赞同的观点是，我们活在一个精神与物质财富分配极为不均的世界。这个世界上有富人和穷人；有生病的人和健康的人；有能够掌控自己的生活与工作条件、自己的时间的人（比如被邀请到电台做讲座并且把讲稿结集成册的教授们），也有被指派任务、被监视、在生活的精神和物质层面几乎没有掌控权的人；这个世界上有富裕的国家和贫穷的国家，有的种族会统治另一些种族；男人与女人在社会和物质力量上也都有着极大的不平等。

财富、健康和权利的某种不平等，一直是每个已知社会的特征。这就意味着在每一个已知的社会，有资源的人与没资源的人之间，有社会权力的人与被褫夺了权力的人之间就会出现斗争。20 世纪六七十年代美国黑人种群的抗争（这之中出现了大量的财产破坏以及完全意义上的消费品再分配），以及加拿大的莫霍克人（Mohawks）为了防止商业性力量和国家力量侵蚀他们的土地而进行的武力斗争，只不过是拥有地位、财富和权力的人与缺乏这些的人之间进行的漫长武力对抗中最近涌现的例子。在 16、17 世纪的欧洲，不断出现的农民起义导致农作物和建筑物被完全破坏，也导致了成百上千人的死亡。类似普加乔夫（Pugachev）和斯捷潘·拉辛（Stenka Razin）这样的农民反叛者，他们的事迹被写入歌曲和故事中得以流传。在美国从英国独立之后，马萨诸塞州西部的农民在丹尼尔·谢伊斯（Daniel Shays）的领导下，拿着步枪占领了州议会，目的是阻止银行家获取农民抵押出去的房产的判决书。波士顿的银行家们得到联邦军队的帮助后就成功地镇压了这起叛乱，代价是一定程度上的社会动乱。很明显，防止暴动和破坏性的冲突是为了保护占有社会地位的利益方。有了国家的警力，他们是一定会取胜的。

因此，当这样的冲突发生时，相应制度就会应运而生，其目的就是预先阻止暴力的斗争。它们的方式就是通过使平民百姓相信社会是公正而平等的，如果出现了不公或者不平等，那也是不可避免的，因此诉诸暴力毫无用处。这样的制度是我们所谓的“社会合法化”。这些制度与 19 世纪在英国发生的斯温上尉暴乱（Captain Swing riots）一样，都是社会斗争的一部分。与斯温上尉暴乱烧干草堆、捣毁机器十分不同的是，这些制度使用的武器是意识形态。战争发生在人们的大脑当中，如果在大脑层面的战争打赢了的话，那么整个社会的和平与宁静就得到了保障。

对于欧洲社会的几乎全部历史而言，自查理曼帝国以来，保障社会合法化的首要制度就是基督教会。教会宣扬正是依靠上帝的恩赐，人们才在社会上被指派了各自的位置。国王们凭上帝的恩典进行统治，神的这种恩宠偶尔也会降临到平民身上，即当他被赋予贵族头衔的时候。但是这种恩宠也是可以随时被去除的。克伦威尔就声称，查理一世所受的恩宠已经被上帝带走，证据就是查理被割下的头颅。哪怕是最具有革命性的宗教领袖，为了秩序，也会不断强调他们是合法且正统的论调。马丁·路德（Matin Luther）就命令他的追随者服从他们的主人，并且他在那场著名的关于婚姻的布道上主张公正是为了和平，而非和平是为了公正。和平是根本的社会之善，只有当公正能够促进和平的时候，公正才是重要的。

一个为了让世界合法化从而对世界做出诠释的制度，一定具备一些特征。第一，整个制度必须像是来自普通人类社会斗争之外的来源。它不能被看作政治、经济或社会力量的创造，而是从一个超人类的来源降入社会。第二，制度活动的想法、声明、规则和结果必须有着正确而超验的真理，这种真理中不会出现任何的人类妥协或错误。它给出的解释和宣言必须以一种绝对正确的姿态出现并且具有绝对的来源。无论何时何地，这些解释和宣言都必须是对的。最后，这个制度还必须具备一丝神秘而不公开的品质，所以它内部最核心的运作就不会为所有人完全理解。它必须用艰深的语言来表述，这种语言必须由具有专门的知识并且能够在日常生活、理解和知识的神秘来源之间自如切换的人来进行诠释。

基督教会或者实际上任何已知的宗教都完美地符合以上要求。所以宗教就成了建立合法化社会的理想制度。不管是神父、牧师还是普通民众，一旦他们被赋予特殊的恩典，通过启示，他们就与上帝产生了直接的接触。那么我们就必须完全依靠他们来理解上帝的神谕。

但其实以上的描述同样适用于科学，而且它使得科学取代宗教成了现代社会的首要合法化力量。科学声称某种方法是客观且非政治的，是永恒真理。科学家们真心相信除了偶尔会干涉某些无知的政客外，它一直是处于社会争论之上的。一位叫特奥多修斯·杜布赞斯基（Theodosius Dobzhansky）的著名科学家，他是布尔什维克革命后的流亡者，但同时他也十分厌恶布尔什维克党。这个人花费了大量的精力指出苏联在生物和遗传学上出现的严重错误，这种错误的产生主要源自 T. D. 李森科（T. D. Lysenko）的非正统的生物学说。他被告知，鉴于他自身的政治错误，他没有资格展开与李森科的竞争。毕竟，他相信美国与苏联迟早会站在对立面从而引起全球性的纷争，他还相信李森科错误的科学学说将极大地降低苏联的农业产量。那为什么他不对李森科的错误保持沉默，就让苏联被削弱并且在即将到来的冲突中妥协呢？他的回答是，他的职责是说出科学的真相，这个使命高于一切，而且一个科学家永远不能让政治上的考虑成为阻止他说出他认为是真相的事物的因素。

不仅科学的方法和制度在人们看来是高于普通人类关系的，而且科学的产物也一定具有普世真理。自然的秘密被科学解锁了，一旦自然的真相被揭露，人类就必须接受生活的事实。当科学开口的时候，就不可以有反驳。最后，科学是用一种神秘的语言说话的。除了专家，没人能够理解科学家的所言所行，所以我们需要特殊人群的调和，即科学记者们（又比如，在电台发言的教授们）来解释自然的神秘。否则除开一堆无法破译的公式就什么也没有了。而且，某一行当的科学家也不是总能够理解其他研究方向的公式。英国著名的动物学家索利·朱克曼（Solly Zuckerman）爵士曾被问到当他在阅读科学论文时遇到数学公式会怎么办。他说道："我会把它们哼出来。"

尽管科学声称是处于社会之上的，它就像从前的教会一样，也不过是一种终极社会制度罢了。它反映并且强化着不同历史时期的社会中的主流价值和观点。有时候，科学理论中的社会经验的来源以及这个理论以社会经验进行着直接转化的方式，是很明显的，哪怕是在细节层面。最著名的例子应该是达尔文的自然选择进化论。没有科学家会怀疑今天地球上的生物是由几十亿年前与自己十分不同的生物体进化而来，那些与自己不同的生物也早已灭绝。还有，我们知道前面所说的是一种自然过程，它是不同生物形式的差异化存活率的产物。就此而言，我们都承认达尔文主义是正确的。

但是达尔文对于进化论的解释又是另外一回事了。他声称曾经存在全球性的生存斗争，因为大量生物体的出现超出了能够维持生存和繁衍的量，因此在生存斗争中，这些更加高效、机能更优秀、更聪明、更适合斗争的生物体比起不及它们的生物体而言就会繁衍更多的后代。作为这场生存大战胜利的结果，进化的改变就发生了。

然而，达尔文自身是清楚自己这“物竞天择”的理念来源的。他声称他的自然选择进化论是在读到 18 世纪晚期的牧师兼经济学家托马斯·马尔萨斯（Thomas Malthus）著名的《人口论》（*An Essay on the Principle of Population*）后产生的。《人口论》是一篇反对英国旧济贫法的论证文章，马尔萨斯认为旧济贫法过于宽松，更赞同对穷人采取更为严苛的控制，这样他们就不会繁衍并造成社会动乱。事实上，达尔文的整个自然选择进化论都与早期的苏格兰经济学家所提出的资本主义政治经济理论有着神秘的相似之处。达尔文对于经济学上的“适者生存”有一定理解，因为他就是靠着每日阅读报纸上的股票进行投资来获得收益的。达尔文当时做的其实就是采纳了 19 世纪早期的政治经济观点并将其扩散至整个自然经济领域。此外，他开创了进化论中的性别选择理论（这个理论我会在第四讲中进一步阐述）。该理论的主要观点为进化中的主要力量是雄性，它们会为了更加吸引雌性而彼此斗争。这个理论本是为了解释为什么雄性动物总是呈现更为明亮的色彩或者复杂的求偶舞蹈。我们不清楚达尔文是否意识到他的性别选择理论与维多利亚时期关于中产阶级男女关系的标准十分相似。在读达尔文的理论时，我们仿佛可以看到一位年轻的女士坐在沙发上，而她的追求者跪在她面前，向她求婚。此前，后者已经告知她父亲自己的年收入有多少。

大部分渗透进科学的来自社会的意识形态的影响确实很微妙。它以基本假设的形式出现，科学家自己通常还没有意识到这些假设对解释的形式产生了深远的影响，而且它们反过来又强化了最初产生这些假设的社会观念。这样的假设中的一条就是个人与集体的关系,著名的“部分与整体”的问题。在18世纪之前，欧洲社会对于个人的重要性是毫不在意的。人的活动更多是由其出生时所处的社会阶层所决定的，人与人之间的相交就是各自所代表的那个社会阶层的相交。比如，牧师与商人发生了商业纷争，牧师会在教会法院胜诉，商人会在他所属领主的法庭胜诉，而不是两人受到同样的判决。个人并不会被看作社会安排的原因，而是被视为这种安排的结果。

此外，人们也不被允许自由跨越他们所处的经济阶层。农民和贵族都有共同的义务，并因这些义务而彼此约束。在每个人都有权出售自己的劳动力的劳动力市场上，没有可以自由流动的竞争性劳动力。这些关系使得意味着我们所处的这个时代多产的资本主义的发展毫无可能。这样的资本主义的发展需要自由的个体能够从一个地方移动到另一个地方，从一个任务转移到另一个任务，从一个情形过渡到另一个情形，能够有时作为承租人，有时作为生产者，有时又作为消费者来面对另一个人。这样的自由是完全必不可少的。比如说，俄国的农奴制在19世纪中叶不得不被废止是因为工厂劳动力出现了短缺，但农奴在法律上是禁止被送到工厂的。事实上，有时候农奴主会非法地把他们的农民运往工厂，农奴们也向沙皇请求救济。

中世纪和文艺复兴时期的科学发展的特点是，当时人们把自然界看作一种不可分解的整体。活着的与死去的是能够相互转化的，只要他知道那个神秘的公式。人们认为自然不能分开理解，因为分开理解就毁掉了重要的部分。亚历山大·蒲柏（Alexander Pope）

就曾说过，这“就像试图通过解剖亡故的生物来追溯生命一样。/ 你察觉的瞬间就失去了它”。正如社会制度被看作不可分割的一个整体，自然亦是如此。

随着工业资本主义发展带来的社会制度的改变，一种全新的社会观点产生了。这种观点认为个体是最重要的，个体是独立的，个体是一种自发的社会原子，能够从一个地方转移到另一个地方，从一种角色转换成另一种角色。社会在这个时候被认定是个人属性的一种结果而非原因。是个人创造了社会。现代经济学就是基于消费者偏好理论的。个体化的、自主运作的公司彼此竞争、彼此取代。个人对于自己的身体和劳动力有着掌控权，这也被麦克弗森（C. B. MacPherson）称作“占有性个人主义”（possessive individualism）。[1]这种原子化的社会与一种新的自然观相匹配，即还原论。如今人们相信整体必须通过部分才能被了解，个体、原子、分子、细胞和基因是整体物质属性的原因，只有分开学习它们，我们才能够了解复杂的自然。达尔文的进化论是一种个体不同繁殖率的理论，并且所有的进化现象可以以个体层次进行理解。事实上，所有的现代生物学、所有的现代科学以勒内·笛卡儿（Rene Descartes）在他的《谈谈方法》（*Discourses*）的第五部分描述的钟表机械当作其信息隐喻。笛卡儿是一个有宗教信仰的人，一开始他将人类灵魂排除在“动物是机器”（bête machine）的命题之外，但之后不久，人的灵魂就被归入“人是机器”（homme machine）的命题内，形成了现在的观点。现代科学把世界——不论是当今还是历史——看作由齿轮和杠杆组成的庞大而复杂的系统。

科学观点转变的第二个特点是对原因与结果的清晰区分。一般认为，事物要不就是原因，要不就是结果。再一次，在达尔文的观点中，生物是由环境引发行动的；它们是被动的客体，外部的世界是主动的主体。这种将生物体与其外部世界的分隔意味着外部世界有着独立于生物体的法则，因此也不能被这些生物体所改变。生物体发现世界就是如此，因此它们要不就适应，要不就会死去。“自然——爱它或者离开它。”这是对“老百姓斗不过官老爷”这种老生常谈的自然界的类比。正如我将在第五讲呈现的，这是一种关于生物体与它们所占据的世界的真实关系的贫乏的、错误的观点。它认为，总的来说，是生物体通过自身的生命活动创造了世界。

所以，现代科学的意识形态，包括现代生物学，让原子或者个体成为更大的集体的所有属性的因果来源。这种意识形态给出了一种研究世界的方法，那就是将世界变成引发它的独立的小片，并且研究这些独立个体的特性。它将世界打碎成独立的、自主的领域，不论内部还是外部。原因要么是内部的，要么是外部的，并且它们之间并没有相互的依靠关系。

对于生物学来说，这种世界观塑造出了关于生物体及其全部生命行为的特殊图景。活物被看作由内部因素——基因——决定的。基因和 DNA 分子组成了我们，这是上帝之恩宠的现代形式，从这种观点来看，当我们知道了我们的基因由什么组成的时候，我们就能理解我们是什么。我们之外的世界提出了一定的问题，这些问题不是我们创造出来的，而是我们作为客体经历的。这些问题是寻找伴侣、觅食、在与他人的竞争中胜出、将世界上的大部分资源占为己有，如果我们有合适的基因种类，就能够解决这些问题并且留下更多的后代。所以在这种观点看来，其实是我们的基因通过我们来自我传播。我们只是基因的工具，这些构成我们的自我复制的 DNA 分子，通过我们这样的“临时的交通工具”，试图将自己传播到全世界，要么成功要么失败。用这个生物学观点的主要支持者理查德·道金斯（Richard Dawkins）的话来说，我们是“伐木的机器人”，而我们的基因“创造了我们的身体和头脑”。

正如在一个层面上是基因决定了个体，在另一个层面上，是个体决定了集体。如果我们想知道为什么一个蚁群有着特定的任务分工，又或者是一群鸟为何以一种特定方式飞行，我们仅需要观察一下作为个体的蚂蚁和鸟，因为群体的行为是单个生物体行为的结果，这种行为又是由基因决定的。对于人类而言，这就意味着我们社会的结构不过就是个体行为的结合而已，如果我们的国家对外开战，我们被告知开战是因为我们作为个人富有侵略性。如果我们生活在一个充满竞争的创业型社会，依照这种观点的看法，这是因为我们每个人作为个体都渴望竞争和创业。

基因组成个体，个体组成社会，所以基因组成社会。如果一个社会与另一个社会截然不同，那是因为两个社会的个体基因有所不同。从基因上来说，不同的种族被认为在好斗性、创造性或者音乐感方面是不同的。的确，文化作为一个整体，被认为是由一件件、一个个文化小物什构成的，这些小物什也被一些社会生物学家称为**文化基因**（culturgens）。在这种观点看来，一种文化就是个体的审美偏好、交配偏好、工作偏好和休闲偏好的集合。把这些偏好都拿出来，文化就会呈现在你眼前。于是，层级结构就形成了。基因组成个体，个体有着特定的偏好和行为，整体的偏好和行为形成了文化，所以基因组成文化。这就是为什么分子生物学家敦促我们在必要时花更多的钱去探索人类 DNA 的排序。他们说当我们知道所有组成我们基因的分子排序的时候，就知道人类是什么样的了。当我们知道我们的 DNA 长什么样的时候，我们就会知道为什么有的人富裕，有的人贫穷，有的人健康，有的人生病，有的人强，有的人弱。我们也将知道为什么一些社会强大而富裕，而另一些则弱小又贫穷，为什么某个国家、某类性别、某个人种会统治另一个群类。事实上，我们将知道为什么有这样一种叫生物学的科学，而生物学本身也是文化的一小片，躺在这个集合的底端。

我们是如此习惯于源自笛卡儿的原子机械论的世界观，以至于我们忘掉了它其实只是一个隐喻。我们不再像笛卡儿那样，认为世界*如同*一个钟表，我们认为世界*就是*一个钟表。我们无法想象另一种观点，除非它可以追溯到前科学时代。对于那些对现代世界不满，厌恶科学制品、污染、噪音、工业世界、过度机械化的医疗保健的人而言，大部分时间里，这种观点似乎并没有让我们感觉更好；对于那些想要回归自然和老旧方法的人而言，回应是重新回到将世界描述成一个我们在肢解谋杀的、不可分割的整体。对于这些人来说，试图将所有事物分解成个体是无用的，因为如此我们将不可避免地失去事物之本质，所以我们能够做的最好的事情就是整体地看待世界。

但是这种整体的世界观是站不住脚的，它无非是神秘主义的另外一种形式，并且对于为了我们自身的利益去控制这个世界起不到任何作用。一个反启蒙主义的整体论曾经被人尝试过，但是最终失败了。这个世界并不如同地母盖亚（Gaia）假设的那样是一个自身规范的巨大的生物体，并最终走向好的结果。尽管在某种理论意义上，“一朵花的颤抖能够在最遥远的星球被感知”，但在现实生活中，我的园艺功夫对于海王星的轨道发生不了任何作用，因为在远距离中，重力的作用极其微弱并且衰落得十分迅速。所以，认为世界可以分解成独立的个体是有着明晰的正确性的，但这不是一种普适的、对所有自然研究的指导。我们可以看到，许多自然现象是不可以被分解成个体的，所以假设它能够被拆分是一种纯理想主义。

难题在于构想出第三种观点，既不把整个世界看作一个不可分割的整体，也不以一个同样不正确但如今十分主流的观点将世界看作由不同层次构成，每一层次都是由部分组成的，并且这些部分可以独立研究。两种意识形态（一种反映着现代之前的封建社会，另一种反映着现代竞争性的个人主义具有的创业精神）都阻止了我们看到自然当中丰富的互动。最后，这两种意识形态阻止了我们对自然的丰富理解，也阻止了我们解决一些本应由科学来解决的问题。

在接下来的章节中，我们将深入探讨一些现代科学意识形态的特殊表现以及在其引领下我们走过的一些错路。我们将讨论生物的决定论是怎样被用于解释和合理化社会内部和社会之间的不平等，以及它是怎样被用来宣称这些不平等是永远不可改变的。我们将看到人性论是如何利用达尔文的自然选择进化论来宣称社会结构同样是不可改变的，因为它们生而如此。我们将看到健康和疾病的问题是如何被确定位于个体内部的，这样一来个体就成了社会要处理的问题，而不是社会成为个体的问题。我们还会看到简单的经济关系是如何伪装成自然事实并以此引导生物研究和生物科技的整个发展方向。

这些例子的本意是用来打破读者对科学家宣称的超验真理的客观性和愿景的幻想，并无意用来反科学或者提议我们应该放弃科学转而投向例如占星术或者笃信纯美善意的观点。更确切地说，这些例子是为了让读者了解科学作为一种社会活动的真相，并促使人们对现代科学对人类存在的认识的广泛主张抱有合理的怀疑态度。怀疑主义和愤世嫉俗是有区别的，前者会产生行动而后者只会导致消极。所以这本书也有一个政治性目标，就是鼓励读者不要将科学交付给专家，不要被科学迷惑，而是要去寻求一种人人都能分享的、复杂的科学认识。

第二讲　全部存于基因之中？

至少从政治角度来说，我们的现代社会诞生于发生在17世纪的英国和18世纪的法国与美国的革命之中。这些革命扫除了那些陈旧的、由贵族特权制定的等级制度以及人在社会中相对固定的地位。这些国家的资产阶级革命声称之前的旧社会和对应的意识形态是不合法的，而且革命中涌现的思想家们树立了自由、平等的思想并使其合法化。德尼·狄德罗（Denis Diderot）、托马斯·潘恩（Tom Paine）以及百科全书派学者，他们这样的理论家提出了建立“自由、平等、博爱”的社会和所有人生而平等的理论。《独立宣言》的作者们认为政治真理是“不言而喻的：人人生而平等，造物者赋予他们若干不可剥夺的权利，其中包括生命权、自由权和追求幸福的权利（当然，这里的追求幸福意即追求金钱）”。这里的人（men）是真的只指*男人*，因为当时美国的女人还没有获得投票权。直到1920年，女人才享有投票权。加拿大赋予女性投票权要稍早些，是在1918年，但直到1940年，魁北克省的女性才有权参与省级选举。当然，这里的男人指的也不是*所有*男人，因为法国管辖区和加勒比海区的奴隶制持续到了19世纪中叶。美国宪法规定黑人的一票只算作五分之三票。在英国议会民主制产生后的大部分时间里，一个人必须有钱才可以投票。

要进行一场革命，就需要一个能够吸引大多数人的口号。如果你打着“为了一些人的平等”的旗号，很难让人们为革命抛头颅、洒热血。所以意识形态也好，口号标语也好，它们都超越了现实。因为如果我们审视这些从革命中创立出来的社会，都会看到个体之间（性别之间、种族之间、国家之间）存在着财富和权力的极大不平等。然而我们在学校一遍又一遍地听到，并且被各种媒体反复提醒着，我们生活在一个平等、自由的社会里。在过去的 200 年里，这种宣称的社会平等和事实上我们观察到极大不平等之间的矛盾已经成了主要的社会矛盾。这种矛盾极大地触动了我们的政治史。我们要怎样解决一个声称是在平等中创立，却存在着极大的不平等的社会这样一种矛盾呢？

答案有两种可能性。第一种，我们可以说一切都是虚假的，那一系列的口号本意只是要取代拥有财富和一系列特权的贵族统治。我们可以说社会中的不平等是结构性的，也是整个政治和社会生活中的一部分。然而，如果这么说，势必会招致颠覆力量。如果我们想要兑现我们对于自由和平等的愿景，这将引起另外一场革命。自然，这种观点在教师、报刊编辑、大学教授、成功的政治家以及任何有助形成社会意识的人群中是不会受欢迎的。

第二种办法就是为平等这个概念做一番新的解释，事实上这种做法从 19 世纪初就开始了。这种平等观认为：比起**结果**的平等，所谓的平等实际上的意思是**机会上**的平等。生命是一场竞走。在过去万恶的旧制度中，贵族阶层一开始就站在了终点线上，而其他人必须从头开始，所以贵族阶层赢了。在新的社会中，竞争是平等的，所有人是从起点开始，并且所有人有平等的机会第一个完赛。当然，有些人相较其他人是更快的跑者，所以他们可以拿到奖励而另外一些人不能。这就是所谓的旧制度是有着**人为设置的**（artificial）平等障碍，而新社会是允许一种自然分类的过程来决定谁能获得地位、财富和权力，而谁不能获得。

这样的一种观点不但没有威胁到现状，反而支持了现状。它告诉无权者他们的地位是因为自身的先天不足而造成的，是不可避免的后果，因此没有任何可以改变之处。最近特别明晰传达了这一观点的人是一位叫理查德·赫恩斯坦（Richard Herrnstein）的来自哈佛大学的心理学家。他也是为“自然不平等”这个观点发声的现代理论家中最为坦率的一位。他写道：

> 过去的特权阶级在生理上并没有比受压迫的人要强多少。这也就是为什么革命有很大概率成功。通过移除阶级社会的人为障碍后，生理障碍的产生就得到了极大的促进。当人们接受了他们在社会中的自然阶级，从定义上来说，上层阶级就比低等阶级更加有能力。[1]

我们并没有被告知，究竟是什么样的生物学原则确保了生理上低等的人群不能获得生理上高等的人群所拥有的权力，但是这里要讨论的不是逻辑问题，像赫恩斯坦这样的言论本意上是要使我们相信，尽管我们没有生活在所有**能想到的**社会中最好的一个里，但是我们在所有**可能的**世界里已经是活得最好的了。社会网络已经得到了最大化，所以我们有了可能上的一切平等，因为结构平等是平等中最重要的一个因素，而且无论哪里留有不平等都不是结构的问题，而是个体中内在的差别。19 世纪，人们也持有同样的观点，而且教育被看作能够保证生活节奏平稳的润滑剂。19 世纪的社会学大家莱斯特·弗兰克·沃德（Lester Frank Ward）就曾写道："普适教育注定是一种推翻每个物种的等级制度的力量。它注定要抹去所有人为的不平等，并且最终让自然的不平等找到它们真正的等级。新生儿真正的价值在于，他们直率地显露出一种能力，即获取诸种生活技能的能力。"[2]

这个观点在 60 年后为加州大学的亚瑟·简森（Arthur Jensen）所认同，此人写过黑人与白人之间在智力上的不平等。他说："我们必须承认，无论如何仅仅把人分类成各种职业是不公平的。我们能够期待的最好状况是给予机会均等以真正的优势，让其扮演自然选择过程中的基础角色。"[3]

仅仅认为生命的竞赛是公平的，以及不同的人之间有着内在的不同奔跑能力，这些尚不够解释我们所观察到的不公平现象。总体上来说，孩子似乎继承了其父母的社会地位。大约 60% 的蓝领的后代仍旧是蓝领，大约 70% 的白领的后代是白领。但是这些数据极大地高估了社会迁移的总量。大多数人从蓝领过渡到白领的时候就是从工厂的流水线工作过渡到了办公室流水线工作或者成为销售。报酬更低，保障更少，工作时在身心上与他们的父母在工厂上班的状态别无二致。加油站服务生的孩子通常会借钱，石油大亨的孩子通常会借出钱。尼尔森·洛克菲勒（Nelson Rockefeller）* 最终落得去加油站当服务生的下场的概率就趋近为零。

如果我们生活在精英社会中，在这个社会里所有人可以根据他或她天生的能力达到应有的地位，那么我们又如何解释社会权力从家长到后代的传递？我们是否只是回到了旧有的贵族制度？自然主义的解释是，我们不仅因天生能力的不同而彼此区分，而且这些天生的能力在生理上也能从一代传到下一代。也就是说，它们存于我们的基因之中。传统的社会和经济意义上的继承变成了生理上基因的继承。

但即使是那种声称获得成功的能力是在基因中得以继承的说法，也不足以证明一个不平等的社会是合

* 尼尔森·洛克菲勒（1908—1979），美国政客和商人，曾任美国第41任副总统。洛克菲勒家族是美国首屈一指的富豪家族。——译者注

理的。毕竟，我们都可以假定一个人能够达成的事情与他被给予的社会奖励和精神奖励是没有任何特别关联的。我们可以给予房屋油漆工和画家、外科医生和理发师、（给学生）上课的教授和课后进教室打扫卫生的清洁工一样的物质和精神奖励。我们甚至可以像某人提出的口号那样创造出一个“各尽所能，按需分配”的世界。*

为了应对对不平等的社会的抗议，人们提出了一种关于人类天性的生物学理论，这种理论声称虽然我们彼此之间的不同存于基因之中，但我们之中仍有一定的与生俱来的相似之处。这些人类天性上的相似确保了能力上的差异带来地位上的差异。这些相似也保证了社会是天生具有阶级性的，以及从生物学上来说，要求一个社会达到结果的平等和地位的平等是不可能的。我们或许可以通过法律要求这样的平等，然而国家一旦放松警惕，我们将回到“做顺其自然的事情”的状态。

当我们把以下三个论点结合到一起就形成了我们

* 此处指的是卡尔·马克思于1875年出版的《哥达纲领批判》里提出的口号。——译者注

所说的**生物决定论的意识形态**（ideology of biological determinism）。这三个论点是：先天的不同导致我们基础能力的不同，这种先天的不同又是生物遗传而来的，以及人性确保了一个阶级社会的形成。

这种“血液说明一切”的想法并非生物学家首创，它是 19 世纪文学中占主导地位的主题。我们在品读 19 世纪最受赞赏和最受欢迎的作者时，很难不注意到他们的著作中传递出来的那种人存在先天不同的理论。让我们回想一下狄更斯的《雾都孤儿》（*Oliver Twist*）。当奥利弗在去伦敦的路上第一次遇到年轻的、外号“逮不着的机灵鬼”的杰克·达金斯时，作者就为后者塑造了一个身体与精神上同奥利弗极为相反的形象。杰克·达金斯被描述成“长着一个狮头鼻，额头扁平，其貌不扬……一副罗圈腿，敏锐的小眼睛怪怪的”，还有他的英文并不是很好。我们能指望一个无家可归、未受过教育且整日与伦敦最低级的罪犯厮混的 10 岁街头顽童有什么出息呢？相反的是，奥利弗说话的语法是完美的（他知道什么时候使用虚拟语气），而且他的举止是有教养的。他被描述成一个苍白瘦弱的孩子，胸中却已经种下了刚毅倔强的精神。但是奥利弗从出生起，就在 19 世纪英国最有辱人格的机构——社区济贫院，是一个没受过教育、经常吃不饱的孤儿。他还被描述成在人生的头九年里成天在地上打滚，“毫无吃得太饱、穿得太暖的麻烦”。* 那么在一群捡破烂的人中，奥利弗要如何获得那敏感的心灵以及完美的英文语法呢？《雾都孤儿》是一部神秘小说，这就是它的神秘之处。答案只能是：尽管他只有稀粥喝，但是他流的是上层中产阶级的血液。他的妈妈是海关官员的女儿，他的父系家族十分富有，并且在社交上雄心勃勃。

类似的主题也是乔治·艾略特（George Eliot）所写的《丹尼尔·德龙达》（*Daniel Deronda*）的中心内容。作为一位英国男爵年轻的继子，我们第一眼见到的丹尼尔正百无聊赖地待在一个时髦的、可以赌博的温泉浴场里。但当他年长一些时，他突然神奇般地对与希伯来相关的事物产生了渴望。他和一位犹太女人相爱，学习犹太法典并且改变了自己的信仰。读者会毫不吃惊地发现他是一名犹太演员的儿子，虽然两人未曾谋面，但是血脉说明了一切。这种疯狂的事情并不只发生在英国的文学作品当中，爱弥尔·左拉（Émile Zola）所写的关于

* 此段所引《雾都孤儿》的译句均出自译林出版社何又安译本。——译者注

卢贡–马卡尔家族的一系列小说就被特意写成展现19世纪人类学的发现的试验性文学作品。在前言中，左拉就告诉我们，“遗传就如同重力一般有其自身的规则”。卢贡–马卡尔家族是一个女人与其两个情人的后代构成的。其中一个是坚毅、勤奋的农民，而另一个则是堕落、铺张浪费的人。那位可靠的农民的后代都是坚毅、诚实一族，而那位堕落的前人则传下来一长串与社会不和以及成为罪犯的后人，这其中就有著名的娜娜，她自年少时就是性瘾者。还有她的妈妈热尔维斯，作为一名洗熨衣物的女工，尽管她早些年有着坚实的创业生涯，却最终陷入天生的好逸恶劳。当热尔维斯的丈夫，也就是娜娜的父亲科波，因为震颤性谵妄而住院治疗的时候,医生问的第一个问题就是“你父亲喝酒吗？”当时欧洲和北美的大众意识还弥漫着这样一种观念，就是性格和品质的内在差异最终会支配教育和环境的任何单纯的影响。

我们同样可以在虚构的，但据说是真实存在的卡利卡克（Kallikak）家族中发现虚构的卢贡–马卡尔家族的影子。直到“二战”前，卡利卡克家族基本上都会出现在美国每一本心理学教科书上。卡利卡克家族被认为是一个家庭的两个后代分支，这个家庭由一个共同的父亲和两个拥有截然不同天性的女人组成。这本学术性小说意在让极易被塑造的年轻人相信犯罪、懒惰、酗酒还有乱伦都是天生的和遗传的。

理论上先天的不同也不只限于个体差异。曾经，国家和民族据说也存在性格和智力上的先天不同。这些理论并非由种族主义者、蛊惑人心的政客或者无知的法西斯主义者提出。相反，这些言论是由美国学术界、心理学和社会学机构的领导人提出来的。在 1923 年，卡尔 · 布里格姆（Carl Brigham）——他后来成了大学入学考试委员会秘书——在哈佛大学心理学教授和美国心理学会主席 R. M. 耶基斯（R. M. Yerkes）的指导下创立了一项关于智力的研究。这项研究声称：“我们必须设想我们正在测量天生的智力水平。我们必须面对美国种族混合的可能性，这种可能比起任何欧洲国家面对的都要糟糕得多，因为我们正在将黑人融入我们的种族族群中来。美国人的智力水平将更加迅速地下降……由于黑人的出现。”[4]

然而美国心理学会的另外一位主席说不论何时与黑人生下混血儿都会造成文明的退化。[5] 19 世纪最著名的动物学家之一路易斯·阿加西（Louis Agassiz）就曾经指出，黑人小孩的颅骨缝要比白人小孩的颅骨缝闭合得早，于是他们的大脑就封闭了，那么教他们太多东西就变得危险起来。也许这些言论中最离奇的要属研究出了马匹演化序列的亨利·费尔菲尔德·奥斯本（Henry Fairfield Osborne）曾写的内容，他曾是美国自然历史博物馆馆长以及美国最为杰出和最有声望的古生物学家之一。他写道：

> 北部族群侵占了南部的国家之后，他们不仅是征服者，也是建设者，他们为南部几近衰败的文明注入了强有力的道德元素和智力元素。通过涌入其中的诺曼人，意大利才产生了拉斐尔、列奥纳多、伽利略和提香的先人；同样，根据巩特尔所说，还产生了乔托、波提切利、彼特拉克以及塔索的先人。从哥伦布的肖像和半身像——不管是否真实，*可以看出他有明显的北欧血统。[6]

* 楷体部分表示强调，原文标出。——译者注

“不管是否真实”，的确！一次又一次，领先的知识分子都在向他们的听众保证，现代科学证明，人与人在能力上存在先天性的种族差异和个体差异。现代生物学家也是如此认为的。除开“二战”期间的短暂中断外，当时纳粹的罪行使得那种声称劣等民族是天生的说法极其不受欢迎，生物决定论一直是生物学家中的主流论断。然而并没有任何证据可以支持这些论断，而且它们还违背了生物学与遗传学的所有定律。

为了能认识到这些观点的错误，我们应当了解生物体发展过程中涉及什么内容。首先，我们并非由我们的基因决定，尽管我们的确会受其影响。生物体的发展不仅仅取决于从父母那里继承而来的物质，也就是精子和卵子中存在的基因及其他物质，它的发展还取决于生物体发展过程中遇到的特定温度、湿度、营养、气味、视野以及声音（包括我们所说的教育）。即使我知道某一生物体中所有基因的完整分子规格，也无法预测这个生物体会是什么样子。当然，狮子和羊羔之间的不同几乎完全是因为它们之间基因的不同。但是，同一物种中个体之间的差异则是基因和环境发展持续互相作用的独有结果。此外，说来也奇怪，即使我知道生长中的生物体的基因以及它所处环境的完整序列，我也无法确定这个生物体是什么样的。

还有另外一种因素在起作用。比方说，如果我们数一下果蝇翅膀下刚毛的数量，会发现左边与右边的数量并不一致。有一些果蝇左边的刚毛多，有一些则是右边的多，并没有一种普遍的差异。这就意味着存在一种变动的不对称。然而，对于果蝇个体而言，其左边翅膀与右边翅膀的基因数是一样的。此外，对于生长中的果蝇而言，其微小的尺寸及其生长的地方保证了它左右两边翅膀有着同样的湿度、同样多的氧气、同样的温度。导致左右两边刚毛数量不同的原因既非基因问题也非环境问题，而是果蝇生长时，其细胞在生长分裂过程中的随机变化。这又被称为**发育扰动**（developmental noise）。

生物发展中这种偶然成分也是变化的重要来源。的确，在果蝇刚毛的例子当中，由基因和环境带来的变化同发育扰动带来的变化是一样多的。好比我们无从知晓人类彼此之间有多少不同是由我们胚胎和幼儿时期神经元发展的随机差异造成的。我们常有的一个偏见就是哪怕一个人从非常小的时候开始练习小提琴，他的演奏也不会和梅纽因*在一个水平，我们认为梅纽因有着特殊的神经元联结。但这与那种声称这些神经元联结被编码在梅纽因的基因当中的说法又有不同。我们的中枢神经系统在发育过程当中或许有着极大的随机性差异。发育遗传学的一条基本原则就是每一个生物体都是基因和环境序列之间独特的相互作用的结果，受细胞生长和分裂的随机机会的调节，在所有这些因素的共同作用下才最终产生了一个生物体。此外，一个生物体在其整个生命过程中都在不断变化。人类在形体大小上会有变化，不仅仅是指在孩童时期身形的不断变大，也指在变老的时候，因为关节和骨头的缩水而造成身材变小。

一个基因决定论的更为成熟的版本则赞同生物体是环境和基因两者结合的产物，但是会将个体之间的不同描绘成*能力*的不同，这即是所谓空水桶的隐喻。我们每个人在生命的初始阶段都如同一个尺寸不同的空水桶。如果环境只提供一点点水，那么所有的水桶会有同样多的水；但是如果环境提供了十分充足的水，

* 耶胡迪·梅纽因 (Yehudi Menuhin, 1916—1999)，美籍俄裔，当代著名小提琴大师。——译者注

那么小水桶将会溢出而大水桶则拥有更多的水。在这种观点看来，如果所有人被允许发展自身的基因的能力，他们的能力和表现将确乎会有极大的不同，而这样的情况是公平而自然的。

但是能力是天生的之隐喻并不比遗传效应是固定的这个概念更具生物学意义。生物体与环境之间独特的互动并不能被描述成能力上的不同。诚然，如果两个基因上不同的生物体在完全同样的环境下发展，它们仍会不同。但这种不同不能被描述成能力上的不同，因为在一种环境中具有优势的基因类型可能在另一种发育环境中处于劣势。举个例子，老鼠有不同品系，我们可以根据其在迷宫中寻找出路时良好或较差的能力对它们进行选择，而这些品系的老鼠会把它们穿越迷宫的差异化能力传递给它们的后代，所以在这方面它们的确有着基因上的不同。但是如果同一品系的老鼠被赋予了不同的任务，又或者是学习条件发生了改变，那么聪明的老鼠就会变笨，而笨的老鼠会变聪明。在寻找解决问题的方法时，一种品系的老鼠并不比另一品系的具有普遍的基因优势。

对于生物决定论而言，一个更为微妙而神秘的方法既反对第一种观点的固定遗传性，也反对第二种观点中关于能力的隐喻，反之，它采用了统计学的观点。从根本上说，这种观点将问题描述成环境和基因的分别作用，所以我们或许可以这么说个体之间的差异：80% 是由于基因，20% 是由于环境。当然，这种不同一定是在群体层面上而非个体层面上的。假设一个人身高 5 英尺 11 英寸半（约 1.8 米），非要说其中 5 英尺 2 英寸（约 1.57 米）是源自基因的影响，剩下的 9 英寸半（约 0.24 米）是来自她吃的食物，这就毫不合理了。这种统计学的观点考虑的是个体之间*差异*的比例，而不是将个体的测量进行分割。这种统计学的方法尝试着将个体或群体之间差异的一部分归因于基因的差异，将另一部分归因于他们环境的变化。

这种统计学的观点意味着如果大多数的差异，比如个体之间的智力区别，是群体中基因不同造成的结果，那么控制环境则不会有太多的影响。举个例子，人们常说个体孩童在智力表现上的差别 80% 是源自基因差异，而只有 20% 来自环境的差异，结果就是最大程度的环境的改善也不可能消除超过 20% 以上的个体之间的差异，而 80% 的差异仍旧存在，因为这是基因差异的结果。

但这其实是一个完全荒谬的论点，尽管听起来可信。可归因于基因差异而非环境差异的差异，与环境改变是否会影响表现，以及影响会有多大之间，没有任何联系。我们应该记住，对于任何一个在加拿大小学里上算术课的非常普通的学生来说，他们都可以正确而快速地做数字加法，速度要比最聪明的古罗马数学家快很多，原因就在于这些数学家需要与烦琐的罗马数字 X、V 还有 I 做斗争。还是同样一批普通的学生，他们只需要用 10 美元的手持计算器，就可以用比一个世纪前的数学教授还快的速度，十分准确地做两个五位数的乘法运算。

环境的改变，在这里指的是文化环境的改变，能够以数量级改变能力。此外，个体的差异能够通过文化的和技术的发明而消除。那些可归因于基因差异的差异在某一种环境下出现,也许在另一种环境下就完全消失了。尽管随机两组男女也许在体型和力量上有基于生物的一般差异（通常这种差异比理论上的要小），这些差异在一个有电动起重机、动力方向盘和电子控制的世界很快就变得无关紧要，而且从实践观中消失了。因此，基因差异导致的种群差异的比例，并非一个固定值，而是根据环境的不同而发生变化。也就是说，我们之间的差异在多大程度上是基因差异的结果——说来奇怪——取决于环境。

相反的是，基于我们人生经历中环境变异的结果而产生的差异，又取决于我们的基因。我们从实验中得知，有某些特殊基因的生物体对环境变异十分敏感，而带有其他不同基因的一些个体则对环境变异并不敏感。环境变异和基因变异并非独立的存在因果关系的途径。基因影响一个人对于环境的敏感度，环境则影响一个人的基因差异的相关度。两者之间的联系是不可分割的，我们只能在特定生物种群中的某一个特定时刻，并且在一系列特定的环境中，才有可能从统计学上将基因和环境的影响分开。当一个环境因素发生了改变，所有的预测就不算数了。

基因和环境之间、自然和教养之间的对比，并非固定和不定之间的对比。生物决定论者认为，如果差异存于基因中，则不会发生改变，这种说法是一种谬论。我们仅从医学证据上判断它是正确的。新陈代谢中存在许多所谓的先天性缺陷，在通常情况下，一个有缺陷的基因会导致有缺陷的生理机能。威尔逊氏病就是一个例子，这种病是一种基因缺陷，它会阻止患者代谢掉我们在日常饮食中获取的少量铜。铜在体内累积最终会导致神经退化直至死亡，其时患者正值青春期或成年早期。对这种病最好的描述就是遗传病。然而携带这种有缺陷基因的人能够过着完全正常的生活，并且能够通过服药排掉多余的铜从而正常发育。然后，他们同其他人就没什么区别了。

有时候，有人会说前文中那些改变表现条件的例子，比如说发明阿拉伯数字、计算器或者服用药物与讨论内容无关，因为我们感兴趣的只是那些不借用外力的独立的能力。可是并没有这样一种可以对“独立”能力进行衡量的手段，而且我们对它也并非真正感兴趣。有一些人可以记住一长串数字，另外一些人擅长心算多位数的加法和乘法。那么我们为何在智商测试时采用书面测试呢？说到底，这种书面测试就是为那些没有“独立”能力的受试者提供纸笔做辅助来进行心算。诚然，如果我们对文化上未经修改的“不借用外力的”能力感兴趣的话，为何我们允许人们戴眼镜来做脑力测试呢？答案是我们对于武断地定义能力毫无兴趣，但是关注执行社会构建任务的能力差异。这种社会构建任务，与我们实际的社会生活的构建息息相关。

除开尝试将基因和环境的影响分离存在的概念难题之外，在探究基因的影响上还存在极大的实验难题，特别是当我们研究人类的时候。我们如何判断基因是否会对某些性状的差异造成影响？在所有生物体中，这个过程是相同的。我们将关联程度不同的个体进行比较，如果两个亲缘关系更密切的个体比起关系不那么密切的个体要更为相似，我们就认为基因具有某种力量。而这正是人类基因中潜藏的困难。不同于实验动物，亲缘关系更密切的人不仅仅是享有更多的共同基因，因为人类社会的阶级结构和家庭关系，他们也享有相同的环境。有观察表明，小孩子在某些特性上和他们的父母相似，但从观察中我们无法区别，这种相似性是由基因相似性带来的，还是由环境相似性引起的。家长和孩子之间的相像是有待解释的现象，没有证据表明是基因的缘故。举个例子，北美的家长和孩子之间在两种社会特性上相似度最高，这两种就是宗教派别和政治党派。但哪怕是最狂热的生物决定论者也不会真的认为，世界上存在着信仰主教制度主义（Episcopalianism）或给社会信用党（Social Credit）

投票的基因。

问题就在于将基因相似与环境相似区别开来。正是由于这个原因，人们对人类遗传学中的双胞胎研究给予了极大的重视。其理论是，如果双胞胎比普通兄妹要更为相似，或者如果双胞胎在两个完全不同的家庭长大仍旧相似，那么这一定是基因的功劳。人们对分开抚养同卵双胞胎尤其感兴趣。如果同卵双胞胎，也就是共享所有基因的双胞胎，哪怕是在分开抚养的情况下也十分相似，那么他们的特性一定极有可能是受基因影响的。比如说很多来自同卵双胞胎分开抚养的研究声称，智商有着很高的遗传可能性。

只有三个这样的研究得到了发表。第一个，同时也是最大型的研究是由西里尔·伯特（Cyril Burt）爵士发表的。这也是唯一声称分别抚养双胞胎的家庭在家庭环境上没有任何相似之处的研究。研究同时指出，同卵双胞胎在智商表现上有着80%的遗传性。然而，来自伦敦《时代》杂志的奥利弗·吉列（Oliver Gillie）以及来自普林斯顿大学的里昂·卡明（Leon Kamin）在仔细调查后发现，伯特不过是捏造了数据并且伪造了这些双胞胎。[7]他甚至编造了出版物上合著者的名字。我们就不需要再考虑他的这些结论了，它们是现代心理学和生物学的最大丑闻之一。

当我们看到其他两项给出被分别抚养的双胞胎的家庭细节的研究后，我们才意识到我们生活在真实的世界，而非在吉尔伯特与沙利文*的轻歌剧之中。双胞胎自出生起就被分开的原因，或许是他们的母亲在他们出生的时候死去，所以双胞胎的其中一位由姨母抚养，而另一位由祖母或者母亲的好朋友抚养。有的时候是因为家长无法负担养育两个小孩的费用，所以将其中一个过继给了亲戚。事实上，被研究的双胞胎们并不完全是分开抚养的，他们其实都是由同一个大家庭的成员在同一个小村庄里抚养长大。他们会一起上学，一起玩耍。其他领养研究中关于人类智商的研究都声称，通过实验来证明基因的作用有困难，这些困难包括无法按照年纪匹配小孩、样本量太少，以及在选择研究案例上的倾向性。[8]许多双胞胎的父母总是试图让两个孩子尽可能地相似。他们会给孩子以同样

---

* 指维多利亚时代幽默剧作家威廉·S. 吉尔伯特（William S. Gilbert）与英国作曲家阿瑟·沙利文（Arthur Sullivan）的合作。在1871年到1896年长达25年的合作中，两人共同创作了14部轻歌剧。——译者注

的首字母命名，而且会让孩子穿一样的衣服。国际双胞胎大会还会给最相像的双胞胎颁发奖励。有一项双胞胎研究曾在报纸上打广告，并且为完全相同的双胞胎提供到芝加哥免费参观的机会，因此，这项研究吸引了最为相像的双胞胎。[9]作为这样一些倾向的结果，目前为止，还没有令人信服的手段可以衡量基因对人类行为差异的影响。

用来说服人们其社会地位是固定的、不可改变的，而且实际上是公平的的主要生物学意识形态武器之一，是遗传和不可改变之间的不断混淆。这种混淆在旨在衡量生物学上的相似性的收养研究中最为明显。在人群中，有人进行了一项类似将同卵双胞胎分开抚养的收养研究，试图打破源于基因的相似性和源于家庭的相似性之间的联系。将被收养的孩子分别同其亲生父母和其养父母进行比较，若是同前者的相似性大于同后者的，那么遗传学家可以相当正确地认为这是基因的影响的证据。当我们为了研究基因对智力的影响，而分析所有收养研究后，会发现有两个恒定的结论。

第一个结论是，生父母的智商分数越高，被收养的孩子的分数也越高，就这个意义而言，被收养的孩子确实很像他们的生父母。所以说，尽管孩子在早期就被收养，生父母对于他们孩子的智商是有一定影响的，并且我们暂且不谈产前营养差异或者极早期刺激的可能性。我们有理由说，基因对于智商分数是有一定影响的。我们只能猜测基因影响的来源。智商测试注重速度，而基因有可能对反应时间或者中枢神经过程的整体速度有一定影响。

收养研究的第二个结论是，被收养的孩子们的智商测试要比其生父母高约 20 分左右。仍旧是有着更高智商分数的生父母就会有智商分数更高的孩子，但是作为一个整体，所有孩子比他们的生父母要进步不少。事实上，这些被收养的孩子的平均智商分数和其养父母的平均智商分数是持平的，而养父母在智商测试上总是比生父母要好。此中的关键就在于**相关性**（correlation）和**同一性**（identity）之间的差别。如果一个变量的更高值与另一个变量的更高值相匹配，我们就说这两个变量是正相关的。一个有序的数集（100、101、102 和 103）就与另一个有序的数集（120、121、122 和 123）很好地关联起来。因为第一个数集中依次递增的每个数字在第二个数集中都有与之完全匹配的数字。但是这两个数集不完全相同，不同就在于这两组数字在数值上都相差 20。智商高的父母与智商高的后代相匹配，就此意义而言，家长的智商也许可以很好地预测他们孩子的智商。但是他们的孩子的**平均**智商也许要高得多。对于遗传学家来说，**相关度**决定了基因的作用，而遗传可能性并不能预测从上一代人到下一代人的代际群体平均值的变化。收养研究揭示的，是智商测试的意义和收养的社会现实。

首先，智商测试实际上测的是什么呢？这种测试是数字、词汇、教育和态度方面题目的结合。比如，出题人会问："谁是威尔金斯·米考伯？""'sudiferous'这个单词的意思是什么？""如果一个男孩打了一个女孩，她该怎么做？"（打回去并**不是**正确答案！）这样来看，我们又如何确定在这种测试上拿高分的是**聪明人**呢？因为这些从一开始就标准化了的测试，只是为了挑出在班级中已经被老师标记为聪明孩子的那类孩子。也就是说，智商测试只是一个工具，这个工具是用来给对教育制度的社会偏见提供一个看上去客观且"科学"的解释。

其次，那些很早就决定把孩子送养的人，通常是工人阶层或者失业人士，他们没有和中产阶级一样的教育和文化背景。而另一方面，收养孩子的人通常是中产阶级，并对智商测试的内容和意图都有着足够的教育和文化经验。所以，作为整体而言，养父母会比决定送养孩子的亲生父母有更好的智商测试表现。因为所处的教育和家庭环境，这些在收养家庭长大的孩子如预期一样，在智商测试上的成绩会有所提高，即便有证据表明，生父母会给他们带来一些基因影响。

这些收养研究的结果充分表明了，为什么我们无法通过回答另一个问题，即有没有基因会影响这种性状，来回答关于某些事可以被改变多少的问题。如果我们真的想问亚瑟·简森（Arthur Jensen）在他著名的文章《我们能够在多大程度上提升智商和学术成就？》[10]里的这个问题，我们唯一能回答的方法就是，努力提高智商和学术成就。我们并不会像简森那样，通过提问智商是否受基因的影响来回答这个问题，因为基因并不是不可改变的。

生物决定论者声称，个体之间不仅存在能力差异，而且这些个体差异还解释了社会权力和社会成就上的种族差异。我们很难知道他们是如何得到并没有完全混淆基因变异和环境变异的黑人与白人之间差异的证据的。举个例子，很少会有跨种族的收养，尤其是白人小孩被黑人养父母收养，但是特殊情况偶有发生。

在英国的“伯纳多医生之家”——那里的孩子出生后不久就被当作孤儿对待——展开了一项研究，对有黑人血统和白人血统的孩子进行智商测试。[11]在对不同年龄段的孩子做了几项测试之后，他们在这些小组之间发现了在智商表现上的些许差异，但这些差异在统计学上并无显著意义。如果不做进一步说明，大部分的读者会认为，这些许的差异说明白人小孩智商高于黑人小孩，但事实恰恰相反，因为尽管这些差异在统计学上并无显著意义，但在任何有差异的地方，黑人小孩在成绩上都表现得更好。没有一丝证据可以证明，北美种族之间在地位、财富和权力上的差异与他们的基因有关。当然，这需要忽略社会介入对肤色基因带来的影响。事实上，种族间在基因上的差别，从整体上来说，要比我们设想的小得多。我们总是从用来分辨种族的表面因素上进行区别。皮肤颜色、发型，以及鼻子形状肯定是受到了基因的影响的，但是我们无法知道有多少这样的基因，以及它们到底如何运作。另一方面，当我们查看我们确实了解的基因，比如影响我们血型的基因，或我们的生理机能必不可少的各种酶分子的基因时，我们发现，尽管个体与个体之间有着极大的差异，但是主要的人类群体间平均值的差异非常小。事实上，所有已知的人类基因差别中，大约有85%来自相同民族的两个个体，8%来自同一个人种的不同民族之间，比如说西班牙人、爱尔兰人、意大利人和英国人之间；人类基因差别中只有7%是来自主要人种之间平均值上的差异，比如说非洲、亚洲、欧洲和大洋洲之间人种的差别。[12]

所以，我们没有理由*由因及果地*认为，不同人种族群之间在特质上，例如行为、气质和智商上，存在基因差异，也没有任何证据证明，不同的社会阶级其基因会有任何不同，除非族裔或种族可能被用作经济歧视的一种形式。生物决定论的拥护者们传播的谬论是，从生物学上看，阶级层次低的人不如那些上层人士。他们认为，欧洲文化中所有好的东西来自北欧族群。这些都是无稽之谈。他们的本意是通过生物学粉饰，以及不断混淆视听，让我们混同有可能被基因影响的事物和可能被社会、环境改变的事物，从而让我们社会中不平等的结构变得合理。

这些年来，这种混淆遗传可能性和固定性的世俗谬见，已经成为生物决定论的理论家们最有利的武器，他们用这种错误来使社会中的不平等变得合理。既然是生物学家，他们懂得的自然更多。因此，人们至少有权怀疑一个不平等系统的受益者不能被看作客观的专家。

第三讲　原因及其结果

现代生物学具有一系列意识形态上的偏见。这些偏见塑造了生物学解释的形式和研究方法。这些主要偏见中的一种，就与原因的本质有关。通常，人们会寻找造成一个结果的唯一原因，或者即便是有一系列可能的原因，人们都会想当然地认为存在一个主要原因，而其他原因是次要的。无论如何，这些原因都被区分开来，被独立研究并且以独立的方式进行操作和介入。此外,这些原因常见于个体层面,如独立的基因、有缺陷的器官，以及专注于内在的生物性原因和外在的自主性原因的个人。

这种原因观体现得最明显的地方，是健康与疾病的理论。任何一本医学教科书会告诉我们，肺结核的成因是结核杆菌，当它入侵人体的时候就会让我们得病。现代科学医学告诉我们，我们不再因传染性疾病而死去是因为科学医学的出现。现代科学医学通过抗生素、化学药剂，以及照看病人的高科技手段击溃了潜伏的细菌。

癌症的成因是什么呢？是细胞不受控制地增长。反过来，这种失控的增长是某些基因无法调节细胞分裂的结果。所以说，我们得癌症是因为我们的基因没有起作用。过去人们认为癌症的主要成因是病毒，大量的金钱和时间被用来寻找导致患癌的病毒，因此一无所获。生物学界已经从病毒观点盛行的年代转移到了基因观点更为流行的年代。

又或者，还有一种环境危害导致癌症的观点。专家说，癌症是石棉、聚氯乙烯或其他大量不受我们控制的天然化学品导致的。尽管这些物质以十分微小的浓度存在，但我们终其一生都在接触它们。正如我们通过处理导致肺结核的细菌来避免死于肺结核，我们同样也可以通过摆脱环境中特别有害的化学物质，来预防死于癌症。如果人们没有接触到结核杆菌，自然是不可能患上肺结核的。还有一个令人信服的证据是，如果没有摄入石棉或者相关合成物的话，那么人们就不会得恶性间皮瘤。但是这些证据并不等同于说，患上肺结核的**唯一**原因**只能是**结核杆菌，或患上恶性间皮瘤的**唯一**原因**就是**石棉。如果我们以这样的方式来理解的话，对于我们的健康会造成什么样的后果呢？假设我们发现，肺结核在19世纪的血汗工厂和恶劣的工厂里是一种极为常见的疾病，然而肺结核的得病率在乡村人口和上层人士当中要低得多，那么我们或许也有理由说，肺结核的成因是不受监管的工业资本主义。如果我们当时远离了那个社会组织的系统，我们就不必要担心结核杆菌了。当我们回首现代欧洲的健康与疾病史，这种解释至少和责备可怜的病菌一样有道理。

现代科学医学有好处的证据在哪里呢？可以肯定的是，我们比起我们的先人要活得长很多。在1890年，北美出生的白人小孩预期寿命只有45岁，然而现在的人类预期寿命已经达到了75岁，但这并不是因为现代医学延长了老人和病人的寿命，平均寿命变化中很大一部分是因为婴儿死亡率的大幅度降低。在18、19世纪之交，特别是19世纪的早些年，小孩有很大概率活不过一岁。在1860年，美国婴儿死亡率是13%。整体人口的平均寿命因为这种早死率而大幅下降。19世纪中叶死去的人们的墓碑表明，许多人是晚年去世的。事实上，科学医学几乎并未延长成年人的寿命。在过去的50年里，现代医学只为60岁以上的人群延长了4个月的预期寿命而已。

众所周知，现代欧洲女性要比男性活的时间更长，但是过去并非如此。在19、20世纪之交以前，女性会早于男性死去。科学医学经常给出的解释是，对于活在现代医学之前的女性，她们的首要死因是产褥热。根据这种观点，现代消毒药和医院实践已经成为年轻女性在生育期间的守护神，但是看一眼数据我们就会发现，19 世纪只有小部分女性是因为产褥热去世的，即使是对于处在生育年龄的女性，它也并非主要死因，自然它也不是造成女性超额死亡率的原因。几乎所有的超额死亡率都是因为肺结核，当肺结核不再是主要杀手的时候，女性寿命也就不再比男性寿命短了。幼童的一个主要死因是烫烧伤，特别是女童，因为女孩子有很大一部分时间待在非常危险的环境中，例如在开放式厨房灶火边上。她们年轻的兄弟们大部分时间都不在家里，而在车间里，车间自然不是最佳工作场所，但总比家庭灶台要安全一些。

接下来，我们回到肺结核和其他传染性疾病这个话题，在整个 19 世纪乃至 20 世纪初期，它们都是主要的致命杀手。英国曾于 19 世纪 30 年代，北美则在晚些时候，首次系统性地记录了对人类死亡原因的调查。这项调查表明，大部分人的确死于感染性疾病，尤其是呼吸系统疾病，例如肺结核、白喉、支气管炎、肺炎。这其中，孩童又特别容易死于麻疹和长期杀手——天花。

在19世纪的进程中，这些疾病造成的死亡率持续下降。医学进步灭绝了天花，但不能说这就是现代科学医学的成果，因为早在18世纪就出现了治疗天花的疫苗，并且在19世纪的早期已经得到广泛使用。支气管炎、肺炎和肺结核这样的主要杀手导致的死亡率，在19世纪的时候，一直在以相对规律的速度下降，然而下降原因并不明确。1876年，在罗伯特·科赫（Robert Koch）发表了关于疾病的病原学理论之后,死亡率并无明显变化。由这些传染疾病带来的死亡率，仅是持续下降，仿佛从未有过科赫这个人似的。到了20世纪初，化学疗法被用于治疗肺结核时，由这种疾病引起的死亡率已经下降了超过90%。

一个最有启发性的案例当属麻疹。目前，加拿大和美国的孩童并不经常患麻疹，因为他们已经接种疫苗产生了抗体，但是一代人以前，每一个学龄儿童都得过麻疹，而因为麻疹死去的情况十分罕见。在19世纪，麻疹是导致幼童死亡的主要杀手，而且到了现在，在许多非洲国家，麻疹仍旧是导致孩童死亡的最主要原因。麻疹是一种每人都曾感染过的疾病，因为没有已知的有效的疗法或者治疗手段，而且它只是对发达国家的儿童不再致命。

死亡率的逐步下降，也并非拜现代化卫生设备所赐，因为19世纪那些作为主要杀手的疾病，并非经水传播，而是跟呼吸道有关。目前尚不清楚，单纯的人口拥挤是否和这个下降过程有关，因为我们城市的某些地方和19世纪50年代时一样拥挤。据我们所知，19世纪传染性疾病导致的死亡率下降，主要是由于营养上的总体提高，并且与实际工资的增加也有关系。今天，在类似巴西这样的国家，婴儿死亡率的上升和下降与最低工资的减少和增加有关。营养的极大改善同样解释了，为何女性的结核病发病率比男性高。在19世纪的英国，甚至直到20世纪，一直是外出工作的男性比家庭妇女的营养要好得多。英国城市工薪阶层的家庭如果能买得起肉，那么这些肉通常都是给男人吃的。因此发生了复杂的社会变化，导致大多数人实际收入的增加，这在某种程度上反映在他们营养的改善上，这种改善又是我们寿命增长和感染性疾病导致的死亡率下降的基础。尽管人们或许会说，结核杆菌导致了肺结核，但我们说肺结核是因为19世纪不受监管的竞争性资本主义的境况——它不受工会和国家需求的调节——会更接近真相，但是社会原因并非生物科学的范畴，所以医学生仍旧听到老师说肺结核产生的原因就是芽孢杆菌。

在过去20年，因为作为影响健康的一个重要原因——传染病的减少，人们开始提出其他原因作为疾病的成因。毫无疑问，污染物和工业废物是造成癌症、矿工的尘肺病、纺织工人的棉尘病，以及许多其他疾病的直接生理原因。此外，毫无疑问的是，哪怕在最好的食物当中又或者是未受杀虫剂和除草剂（它们都会使农民得病）污染的饮用水当中，都可以找到微量的致癌物质，但如果说是杀虫剂导致农民的死亡，或者说棉花纤维导致了纺织工人的棉尘病，那就是在过度夸大非生命物体的作用。我们必须区别**因素**（agents）和**原因**（causes）。石棉纤维和杀虫剂是疾病和残疾的病因，但如果我们认定消除这些特定的刺激物就可以让疾病远离，这是一种错觉，因为其他类似因素又会占据它们的位置。只要高效，只要产品利益的最大化，又或者不考虑手段，只顾填充中央计划的生产规范仍是世界各地生产企业的动力，只要人们仍被经济需求或国家调节困在某些东西的生产和消费中，那么一种污染物自然会被另一种污染物所替代。监管机构或者中央计划部门会计算成本收益率，人类遭受的苦难会以美元价值计算。石棉和棉花的棉绒纤维不是致癌的原因，它们不过是社会原因的因素，以及决定生产消费生活的社会形态的因素罢了。最终，我们只有通过改变上述的社会力量，才有可能抓住健康问题的本质。因果力从社会关系转移到无生命的因素，仿佛后者是有能力、有生命的，这种转移是科学及其意识形态的一个主要谜团。

就像污染据说是我们面对的来自物质世界的外部敌对力量的最新、最现代的版本，简单的内在力量——基因——如今也不仅对普通的医学意义上的人类健康负责，而且还为各种社会问题负责，比如酗酒、犯罪、毒瘾，以及精神病。我们确信，只要找到酗酒的基因或者我们患癌症时发生病变的基因，那么我们的问题就解决了。以上观点认为，遗传在决定我们的健康和疾病的方面比较重要。目前，这种信念表现为人类基因组计划，一项由美国和欧洲生物学家开展的高达数十亿美元的计划。为了征服自然，这一计划将取代太空计划，成为如今公共资金方面开销最大的计划。

我们对于基因由什么组成，以及它们在最基本的层次上如何运转，非常熟悉。基因由一长串名为核苷酸的元素组成，一共只有四种核苷酸，人们用A、T、C、G这四个字母来区分它们。每一个基因都是由数千个（有时候是数万个）A型、T型、C型和G型的核苷酸组成的一长串。这一长串序列是按照AATCCGGCATT并以此类推的顺序构成的。这一个长序列起到两个作用。首先，它中间的一部分，如同编码一般，明确指明了我们身体内蛋白质分子的组成。这些蛋白质包括构成我们身体的结构、我们的细胞和组织的材料，以及让新陈代谢发生的酶和荷尔蒙。与A型、T型、C型和G型特定的序列相对应，身体机制也会产生一长串分子，即蛋白质，它是由氨基酸这样的简单元素组成的。每一个基因都指明了构成不同蛋白质的分子，组成某一特定蛋白质的氨基酸的特定顺序是由基因内部核苷酸的顺序决定的。如果基因内一个或者多个核苷酸发生改变，蛋白质中不同的氨基酸就会被标明，那么它可能就没有办法和之前一样完成它的生理功能。在一些情况下，当基因内一个不同的核苷酸被取代掉时，某一特定蛋白质的产生可能会减少，甚至完全不产生，因为细胞的机制很难辨别出这个编码。

其次，基因的其他部分，同样是核苷酸序列，是控制蛋白质生产的场所的构成部分。通过这种方式，尽管在一个生物体生命的每个阶段，其身体的每个部分都存在着相同的基因，但与某些基因对应的蛋白质会在某些时候和在身体的某些部分产生，而不会在另一些时候和其他部分产生。身体成分产生与否，本身对外界条件很敏感。举个例子，如果大肠杆菌吸收了乳糖，那么糖的出现将会向“机器”发出信号，让其开始制造蛋白质分解掉乳糖，并且将其作为能量的来源。实际上，将基因编码转化为蛋白质的启动信号是由基因自身的一部分检测到的。因此，核苷酸的序列决定了生物体会产生什么样的蛋白质，同时这些序列也是控制这些蛋白质的生产，以对外界条件做出反应的信号机制的一部分。这个信号系统是环境与基因在创造生物体的过程中相互作用的机制。

基因还有一个作用就是作为进一步复制自己的模板。当细胞分裂产生精子和卵子细胞，每一个新的细胞都有一套完整的基因，这些基因与旧细胞里的基因大致相同。这些新生的基因直接从之前存在的基因分子复制而来。因为没有任何化学复制过程是完美的，自然就会产生错误，即所谓的变异，但照例，发生的概率大概是百万分之一。

我之前对于基因的描述是它们决定了能够由生物体制造的特定蛋白质，它们是接收环境信号从而决定是否生产蛋白质的信号系统的一部分，它们还是自我复制的模型。这种描述与通常对于这些关系的描述，有着细微的差别。人们通常说的是基因**制造**了蛋白质，并且基因是**自我复制**的，但是基因并不能**制造**出任何东西。一个蛋白质是由一个复杂的化学生产系统构成的，这个化学生产系统又包括了其他蛋白质，以及使用基因中特定序列的核苷酸，来决定被制造出来的蛋白质的实际分子式。有的时候，基因被称作蛋白质的“蓝图”或者是决定蛋白质的“信息”来源。同样，它被视为比纯粹的制造机械更重要。但是没有基因**和**机械的剩余部分，蛋白质也无法被制造。它们两者之间称不上哪个更为重要。将基因独立成“分子主人”是另外一个无意识的意识形态的说法。这种说法将大脑置于肌肉之上，认为脑力工作优于纯粹的体力工作，信息高于行动。

基因也不能够自我复制。它们不能制造自己，就像它们不能制造蛋白质一样。基因由复杂的蛋白质机制组成，这种机制将基因作为模型来制造出更多基因。当我们说基因是自我复制的时候，我们赋予了它们一种神秘而自主的力量，似乎这种力量可以将它们置于身体其他更为普通的物质之上。但是如果说世界上有什么东西能够自我复制的话，那不是基因，而是作为一个复杂系统的整个生物体。

人类基因组计划是一项雄心勃勃的计划，它意图将人类所有基因中包含 A 型、T 型、C 型和 G 型这样复杂的核苷酸序列写下来。就目前的技术而言，这是一个极为庞大的计划，至少需要 30 年完成，并且，要耗费数百亿甚至数千亿资金。当然，总有这样的承诺，将会有更有效的技术来减少这项工作的工作量，但是为何人类想要知道构成所有人类基因的 A 型、T 型、C 型和 G 型核苷酸的完整序列呢？

对上述问题的回答是，如果我们从所谓的正常人中找到一个可参考的序列，并且和一个有某种疾病的人的序列片段做比较，那么我们就可以定位导致疾病的基因缺陷。我们接下来就可以将人体中的发生变化的基因编码进行转写，将其变成蛋白质从而观察蛋白质出了什么错，这样一来或许我们就会知道如何治疗那种疾病。因此，如果疾病是由改变的、有缺陷的基因引起的，并且如果我们知道一个正常的基因在其最精细的分子的细节中是怎么样的，那么我们就会知道如何修复不正常的生理机能。我们就能知道癌症中出错的蛋白质是哪些，然后就能设法找出解决错误的方法。我们可以从精神分裂症患者、躁狂抑郁症患者、酗酒者、药物依赖者中发现特定的改变的蛋白质或缺失的蛋白质，并且通过恰当的药物让这些人摆脱可怕的疾病。此外，通过将所有的人类基因中详细的分子情况与黑猩猩或大猩猩这样的动物基因进行比对，我们就知道为何我们与黑猩猩不同。也就是说，我们将知道人是什么。

以上所表达的观点错在哪儿呢？第一个错误是，当谈及人类基因序列的时候，仿佛所有的人一样。事实上，正常的人之间，蛋白质的氨基酸序列是有着极大差异的，因为一个给定的蛋白质可以有多种氨基酸组成形式，但这并不会损害蛋白质的功能。我们每个人的每个蛋白质中都携带了两种基因，一种来自母亲，一种来自父亲。平均而论，遗传自母亲和父亲基因中的氨基酸序列，每 12 个基因里就有一组不同。另外，因为基因编码的天性，许多变化发生在 DNA 的层次上，而没有反映在蛋白质中。也就是说，对应同样的蛋白质会有许多不同的 DNA 序列。目前我们对人类并没有充足的估计，但如果人类和实验动物一样，那么两个随机选择的个体的 DNA 中，每 500 个核苷酸中就有 1 个不同，因为人类基因当中大约有 30 亿个核苷酸，任意两个人平均就有 60 万个核苷酸是不同的。也就是说，平均来说，一个长 3000 个核苷酸的基因，在任意两个正常人之间会有 20 个核苷酸是不同的。那么要以谁的基因组序列为准，作为正常人的目录呢？

此外，每个正常人都携带了大量的缺陷基因，它们遗传自父母任意一方，并被来自另一方的正常副本所覆盖，所以任何被测序的 DNA 片段都将有一定量未知的缺陷基因进入序列目录之中。当把一个患病人士的 DNA 与标准正常序列的 DNA 进行比对的时候，我们无法确定有着多重不同的两组 DNA 中，究竟是哪个不同点该为疾病负责。我们有必要观察大量正常人与患病人士，来判断是否可以找到他们之间一些共有的不同之处。但即使是这样做了，结果也不一定能令人满意，因为如果疾病是由基因方面的多重原因引起的，那么不同的人可能会因为不同的基因问题患上同一种病，而这都是因为他们的基因发生了改变。我们已经知道这种情况就发生在一种叫地中海贫血的疾病上。地中海贫血是一种血红蛋白低于正常水平的血液病，这种血液病通常发生在亚洲人和地中海沿岸的欧洲人身上。这种缺乏是由于进行血红蛋白编码的基因存在缺陷，研究发现至少有 17 种不同的缺陷位于血红蛋白基因的不同部分，它们都会导致血红蛋白产量的减少，那么寻找地中海贫血患者和正常人之间不同的特定核苷酸将是徒劳的。就地中海贫血的例子而言，广泛的人口研究已经揭示了事实真相，但是拥有整个人类基因组的标准正常序列在这个例子中是毫无用处的，这一序列在其他例子中也毫无用处。

人类基因组计划的第二个问题就在于，它还声称只要知道了基因的分子结构，我们就能知道关于人类值得知道的一切。这种观点将基因看作个人的决定因素，个人又是社会的决定因素。它将所谓的癌症基因的改变孤立出来作为癌症的原因，然而基因的改变也许是因为摄入了污染物，而污染物是在工业生产过程中产生的，工业生产的兴盛又是6%的投资率所产生的必然结果。再一次，这种贫乏地刻画现代生物意识形态的观点，亦即混淆各种原因与因素的观点，将我们带入了寻找问题解决方法的特定方向。

那为什么如此多有权有名、极度聪明且成功的科学家想将人类基因进行测序呢？部分原因就在于他们如此完全地致力于简单的单一原因的意识形态，以至于他们相信研究的有效性，而不再问自己更复杂的问题。但是答案的另一部分原因就相当粗暴了。如果一个科学家可以参与并掌控一项数十亿美元并且长达30年或50年的研究项目，这个项目将为数千名技术人员和较低阶层的科学家提供日常工作，对于一个有野心的生物学家来说，这种项目有着极为诱人的前景。他们将拥有成功的事业，会获得诺贝尔奖，会被授予各种荣誉学位。那些掌控这个项目和制成数以千计的载有人类基因序列电脑磁盘的人将可以获得重要的教授职位以及大量实验室设备。意识到这个项目的参与者会在经济和地位上获得相当直接的回报后，产生了大量反对这个项目的声音。这些反对的声音来自生物学界内部和从事其他不同学科的人，后者发现他们的事业和研究受到金钱、精力和公共意识转移的威胁。一些有远见的生物学家警告说，人类基因组计划完成后，公众将出现可怕的幻灭。人们会发现尽管分子生物学家的主张言过其实，但人们仍旧死于癌症、心脏病、中风；人们会发现，这个世界仍旧充斥着精神病患者和躁郁症患者；人们还会发现，对抗毒品的战争仍旧没有打赢。科学家内部害怕因为承诺的太多，科学的公众形象会毁灭，而人们会开始怀疑。比方说，他们会对对抗癌症的战争抱有怀疑，更不用说对抗贫困的战争。

科学研究者们不仅仅以学者的身份参与这场对抗。作为大学教授的分子生物学家们，他们中很大一部分同时还是生物科技公司的首席科学家或主要持股人。技术是主要行业之一，也是风险投资寻求利润的主要来源。从某种程度上来说，人类基因组计划在用公共开支创造新技术，它将为生物科技公司提供有力的工具，用于生产在市场上销售的商品。此外，此项计划的成功将为利用生物科技的力量生产有用的商品提供更多信心。

生物科技公司也并非从人类基因组计划中获利丰厚的唯一商品制造者。此项计划将会耗费大量化学品和机械。有一些是用小量样品材料生产 DNA 的商业机械，有一些是自动为 DNA 排序的机械。这些机械的使用需要各种化学材料，这些化学材料都是机械制造商以极大利润出售的。所以我们说，人类基因组计划是一项大生意，人们为其投入的数十亿美元，将在生产企业的年度红利中占据不小的比例。

我们在基因组计划中，看到了生物科学不经常被提起的一个方面，它可能是所有方面中最让人迷惑不解的一个。人们所说的关于生命本质的基本发现往往掩盖了简单的商业关系，而这种商业关系又为研究方向和内容提供了强有力的动力。记录在册的、关于纯粹的商业利益驱动所谓本质的基本发现的最佳例子，是农业。人们常说杂交玉米的发明导致了农业生产力的大幅增长，并且以极低的花费、极高的效率养活了数亿人口。在 20 世纪 20 年代，北美玉米带播种的玉米，平均每亩产量可能为 35 蒲式耳*，如今可产出 125 蒲式耳。这项成就普遍被认为是基础遗传学应用在人类福

* 蒲式耳，一种计量单位，1美制蒲式耳=35.238升。——译者注

利上最伟大的胜利之一，但事实更为有趣。

杂交玉米是通过将两种纯种的近交物种进行杂交，然后将杂交产生的种子进行种植而产生的。这些近交物种是经过长期的自花授粉过程而产生的。这种自花授粉是为了让每一次产生的品种在基因上完全一致。种子公司将花上好几年为玉米进行自花授粉直到它们形成了统一的品种。然后公司就会把两个品种杂交后的种子卖给农民。近交同类品种的玉米的产出量相当低，然而杂交品种就比近交品种以及原始开放授粉的玉米品种在产量上要高出许多。并非两个近交品种的杂交就会形成高产出的杂交品种，诀窍在于要在多个近交品种中找出能够提高产量的配组。

另一种人们不常谈起的品质是，自交品种之间杂交有着独特的商业价值。如果一个农民有一个作物的高产品种，这个品种抗灾性很强，而且相对投入的成本而言，有高商业产出的话，那么他通常的选择就会是留下这种高产量品种的种子并且来年再种下去以求继续获得高产。一旦农民获得了这种极佳品种的种子，他将不会再次付钱购买种子，因为植物如同其他生物体一样可以自我复制。但是这种自我复制的能力对于想要通过培育新生物品种赚钱的人来说，就是一个严重的问题了。因为一旦他把种子卖出去了以后，买方就掌握着种子的未来产量了。那么之后他又如何赚钱呢？他只能有偿出售一次，然后种子将免费传播到各地。

上述复制保护问题在电脑软件程序领域也存在。电脑软件的开发者一定不乐意花费时间、精力和金钱去开发一款新程序，如果它的第一批买家可以复制程序并且免费传播给他的朋友。在动植物繁殖上面，这种免费复制一直是一个问题。因为农民一旦买下了种子或者动物品种，就会自己培育下一代，那么植物培育者和种子制造商将永远赚不了多少钱。当然，农场培育出来的种子可能含有一定量的杂草种子，也可能不是在最佳发芽条件下繁育的。所以事实上，农民偶尔会回到种子商那里购买一定量种子用来作为新储备。举个例子，在法国，种小麦的农民平均每六年会回购种子用来重新补充小麦种子的储备。

杂交玉米有所不同，因为它是在两个自我繁殖的同系间进行杂交，所以人们不能通过种下杂交玉米的种子来获得新的杂交玉米。杂交植物不是纯种的。杂交植物的种子本身并不是杂交的，而是形成了具有不同程度杂交性的植物群，是同种和异种之间的一种混合。留下杂交玉米种子的农民如果来年再次种下这类种子，那么他来年的收成将每亩减少至少 30 蒲式耳。为了维持高产，农民就有必要每年回购。因此杂交玉米种子的生产商就找到了复制保护的方法。此外，杂交玉米种子的生产商还可以向没有回购的农民收取一定费用，这个费用与他将要失去的产量等值，也就是每亩 30 蒲式耳的市值。实际上杂交玉米的发明是一种特意运用基因规律来创造防复制的产品。作为杂交玉米发明者也就是这个领域的最佳权威，G. H. 沙尔（G. H. Shull）和 E. M. 伊斯特（E. M. East）是这么写杂交的：

> 某物可以轻易为种子商占据，事实上，这是农业历史上第一次出现一个种子商可以从自身培育的事物或者自身购买的事物中获取完全的利润。一个培育了或许会为全国带来无法估量利益的新品种的人，什么也得不到，甚至连名声都没有，就因为他努力培育出来的植物能被任何一个人继续培育。而第一代杂交品种的使用就能够让培育者保有杂

> 交亲本，而仅需要给出对于继续培育而言并不是那么有价值的杂交种子。[1]

意识到这种杂交的方法能保证发明者获得大量利润后，这种杂交方法被引入整个农业领域。鸡、西红柿、猪，事实上，几乎每一种可能采用这种方法的商业植物或动物，都以牺牲老品种为代价来培育杂交品种。一些主要的种子公司，比如先锋杂交种子公司，就投入数百万美元来尝试生产杂交小麦以获得巨大的未开发市场。到目前为止，他们还没有成功，因为生产杂交种子的花费巨大。

先锋杂交种子公司本身就是一位重要的政治界与科学界人物活动的结果，这个人就是亨利・A. 华莱士（Henry A. Wallace）。在 1920 年，华莱士的父亲由总统沃伦・哈丁（Warren Harding）任命为美国农业部部长。老华莱士派儿子亨利考察一系列农业试验站。考察完毕后，亨利建议他父亲任命致力于发展杂交的人作为植物育种的带头人。与此同时，亨利自己也在做杂交试验。在 1924 年，他出售了自己培育的首批杂交玉米种子，并获得了每亩大约 740 美元的利润。1926 年，他创立了先锋杂交种子公司，到了 1933 年，也就是在他被富兰克林 · D. 罗斯福（Franklin D. Roosevelt）总统任命为农业部部长的这一年，在美国，之后在加拿大，采用杂交玉米的压力变得不可抗拒。

如果对农业生产而言杂交真的是更为高级的手段，那么其对种子公司是否有商业价值则是一个无关紧要的问题，问题就在于是否存在其他有效甚至更好的育种方法，而且这种方法无须向种子公司提供产权保护。对于这个问题的回答取决于一些基础遗传学的问题，这些问题在杂交玉米历史的早期并没有明确下来，直到本书成书之际的 30 年前，人们也许还会说玉米生产的基础生物学就是只有通过杂交才会出现额外产量。但是，人们在这 30 年里已经知道了事情真相，做了基础性的实验并且没有任何植物培育者会反驳实验结果。实验显示，会影响玉米产量的基因性质证明，直接简单地从每一代中选择高产植物并且培育选中植物的种子，这也是一种可行的方法。通过这种选择，事实上植物培育者可以培育出与现代杂交玉米产量相同的玉米品种。问题是没有任何商业性植物培育者会开展这样的研究并进行培育，原因是这种方法无法赚钱。

这个故事最有趣的一点是农业试验站所扮演的角色。比如美国的州立农业试验站或者加拿大农业部这样的机构，或许本应是我们期待其能找出替代方法的机构，毕竟它们不考虑利润并且使用公共开支运转。但是美国农业部和加拿大农业部偏偏是杂交方法最强有力的支持者之一。这种纯粹出于商业利益的理论如此成功地披上了纯科学的外衣，以致大学的农学院将它作为科学真理传授给了学生。继任的一代又一代农业研究工作者们，甚至那些在公共部门工作的人，都认为杂交品种本质上更加优越，尽管与此相矛盾的实验结果在30多年前就已发表在知名期刊上了。再一次，我们看到，在关于自然的纯粹科学和客观知识的神秘伪装下，实际上是政治的、经济的和社会的意识形态。

第四讲 教科书中的一个故事

所有人受其体内的DNA控制，这是一个很流行的说法。它的作用是使我们所生活的社会结构合法化，因为它没有停止断言，人与人之间在性情、能力以及身心健康方面的差异都是由基因编码造成的。此外，社会的政治结构——我们所生活的这个竞争性的、创业型的、等级分明的社会，这个根据人不同的性格、不同的认知能力，以及不同的精神态度进行区别奖励的社会，也是由DNA所决定的，因而无法被改变。毕竟，即使我们在生物学上各有不同，也不能保证社会会赋予不同的人不同的权利和地位。换言之，我们需要完善生物决定论的意识形态，为此需要有一个人性是不会改变的理论，一种编码在我们基因中的人性。

所有的政治哲学是从人性的理论入手的。当然，如果我们不能说什么是真正的人，我们就不能为一种或另一种形式的社会组织辩护了。尤其对于社会革命家来讲，他一定得有一个什么是真正的人的观点，因为寻求革命就是需要洒热血，需要重组整个世界。一个人只有声称存在一个更加符合真正人性的社会，才有可能号召用暴力推翻现有社会。所以，即使是卡尔·马克思（他的社会观是历史的）也相信存在真正的人性，并相信人类通过有计划地对本性进行社会控制，实现人类福利，从而在本质上实现自我。

政治哲学家的问题一直是试图证明他们对于人性的特殊观点是正确的。在 17 世纪以前，一个流行的观点是神的智慧。上帝以一种特别的方式造出了人类，事实上，他们是按照上帝的样子被造出来的，而且，人类自亚当和夏娃的堕落之后就基本上是有罪的。但是现代世俗的技术社会无法从神的称义中得出自身的政治观点。从 17 世纪开始，政治哲学家们就尝试创造出基于某种符合自然主义世界观的人性之图像。托马斯·霍布斯（Thomas Hobbes）在他的《利维坦》（*Leviathan*）一书中就论证过君王的必要性，他从最简单的关于人类作为生物体的本质这一公理出发，构建了一幅人性的图像。在霍布斯看来，人类和其他动物一样，是自我扩展、自我强化的生物，他们只是不得不发展并占用这个世界。但是世界的资源是有限的，当人类发展壮大，他们不可避免地就会因这些有限资源而起冲突，结果就是霍布斯所谓的“所有人对抗所有人的战争”。霍布斯由此得出结论：人类需要君王来防止这场战争毁灭一切。

两个形成有关人性的现代生物理论的主张是，生物体，尤其是人类，可以无穷增长，但是生物体增长所处的世界是有限的。在马尔萨斯牧师（Reverend Malthus）关于人口的专著中，在他著名的《人口论》中，它们重新出现了：生物体以几何级数增长，而生物体赖以生存的资源却以算术级数增长，因此必定会出现生存之战。我们都知道，达尔文曾借鉴了这种自然观点来建立自然选择理论。因为所有的生物体在进行生存之战，那些在体形和构造上，生理机能和习性上更适合在这场斗争中留下更多后代的生物体也一样，结果自然是占优势的种群将会占领世界。达尔文的观点是不论人性如何，人毕竟是活的生物体，人性就像人的其他一切一样，都是从自然选择中进化而来。因此，我们本质上是最早期的原始生物体进化20亿年的结果。

随着进化理论在过去一个世纪不断发展并且在技术和科学上变得复杂，随着模糊的遗传理论转变为有关DNA的结构和功能的非常准确的理论，人性的进化论观点已经发展成了一个现代的、听起来具有科学性的机制，使它看起来就像早期的天意论一样不容置辩。事实上，托马斯·霍布斯声称的那场所有人对抗所有人的战争已经转变成了 DNA 分子之间为争夺在人类生活结构上的最高权威和统治权的斗争。

在有关自然主义人性的意识形态中，最为现代的形式叫作社会生物学。它大约于 15 年前出现在大众视野中，此后我们知道，它成了为社会永久的支配性提供证明的观点。社会生物学是使用所有现代进化生物理论工具的进化论和遗传论，现代进化生物学理论工具包含大量生涩难懂的数学。对于非专业的读者而言，现代进化生物学理论工具被“翻译”成带有丰富趣味插图的大的精装图书，又或是报纸杂志刊登的文章。社会生物学是最新也是最神秘的尝试，它试图说服人们，人类的生活基本上就是它必须有，甚至可能是应有的样子。

人性的社会生物学理论分三步建立。第一步是描述人性是什么样的。社会生物学家观察了人类，并尝试比较完整地描述人类的特征，这些特征据说对于任何时代、任何地方、任何社会的任何人来说都是共有的。

第二步是声称这些人类共有的特性实际上早就编写在我们的基因里，也就是在 DNA 当中。社会生物学家认为人类存在宗教的基因，存在创业精神的基因，无论什么特性的基因都被认为是建立在人类精神和人类社会组织中的。

对于人性的生物理论，从纯描述的角度来说，声称有普遍的人性并且它已经被编码在基因当中无法改变，这样两点论断就足够了。我们就是这个样子：要么接受，要么拉倒。但是基于进化论的社会生物学理论更进了一步，因为它必须满足它的计划。它必须解释，并且从某种意义上要证明，我们是如何拥有这些特定的基因而非一些也许会给予我们不同天性的其他基因。

所以这个理论就来到了第三步，它声称通过差别生存和各种不同生物体的繁殖，自然选择不可避免地导致个人产生特定的基因特性，这些特性对社会形态负责。这种观点强化了合法性的论证，因为它不仅是纯粹描述，还断言被描述的人性是不可避免的，因为生存斗争的普遍法则以及适者生存理论。从这个意义上来说，人性的社会生物学理论被覆盖了一层普遍性和永久不变性。毕竟，如果30亿年的进化造就了现在的我们，我们真的认为几百天的革命就会改变我们吗？

社会生物学家迈出的第一步就是通过观察他们社

会之中的人们是怎样的，并在一定程度上，通过讲述他们自己的生活故事，或多或少像每个人性理论家做的那样，声称正确地描述了什么是普遍存在于所有人身上的。在通过反省自身和对外部现代资本主义社会的观察来描述人性之后，社会生物学家们继续扩展他们的观察，他们通过调查人类学记录来让我们相信他们在 20 世纪北美和英国发现的元素同样也会在石器时代新几内亚岛的人们身上以各种方式呈现。出于某些原因，他们并不会过多查阅欧洲社会的历史记录，他们似乎对此一无所知，但也许他们觉得要是新几内亚岛的高地人和苏格兰高地人与今天的人们展现了相同的特性，那么在 1500 年来有记录的历史当中也不会有太多变化。

那么，社会生物学家发现了什么样的人类普遍特性？最好的做法自然是了解最具影响力，并且在某种意义上来说，社会生物学理论的奠基性文本。这个文本就是爱德华 · 威尔逊（E. O. Wilson）所写的《社会生物学:新的综合》。[1] 比方说，威尔逊教授告诉我们，人们是可被洗脑的。他说 :“人们极其容易被洗脑。他们寻求被洗脑。”[2] 人们有一个特性就是盲目信任，书中说“人们宁愿相信，而不愿了解”[3]。我们必须注意这句话可是出现在被称为科学著作的文本之中，世界各地都在使用这本书做教科书，书中充满现代人口生物学的运算，充满关于所有动物种类的行为的观察和事实，它基于被《时代》杂志称为“自然铁律”的规则。但无疑，“人们宁愿相信，而不愿了解”这种话更像是酒吧里的智慧之言，它像是一个人在上班期间劝说隔壁办公室的同事换种方式来做事却毫无效果，只好在下班后来到当地酒吧向自己朋友抱怨时说的话。据说人性的其他方面是普遍憎恨和家庭沙文主义。威尔逊告诉我们，“人们对于自己的血统和策划诡计的天分有着敏锐的意识”[4]。仇外心理，也就是对陌生人的恐惧是我们普遍具有的一个特性。“人类的一个问题是，面对文明强加给他的扩大的领土关系，他对其他社会群体的回应仍是粗鲁、原始和不恰当的。”[5]我们被告知这样做的结果之一是“最为与众不同的人类品质出现在社会进化阶段，这种进化是通过部落战争以及种族灭绝实现的”[6]。然后就是性别之间的关系。男性主导和优势是人性的一部分。威尔逊写道：“在具有攻击性的首领系统中，男人支配女人是人类普遍的社会属性。”[7]这一清单并不完整，它也不仅是一个有影响力的社会生物学家独有的观点。人类战争、男性主导、对私有财产的热爱，以及对陌生人的憎恶等都是人类普遍共有的，它们在社会生物学家（无论他们是生物学家、经济学家、心理学家还是政治学家）的著作中反复出现。

但要得出以上结论，必须对欧洲社会的历史视若无睹。就拿上文提及的普遍性仇外心理来说，事实上，不同社会阶层和不同时代的人们对待外国文化和外国的态度是极其不同的。19 世纪的俄罗斯贵族认为所有斯拉夫族的东西都是低级的，他们更乐意说法语，他们依赖德国的军事和技术资源，他们能否被称为仇外呢？特别是受过教育的人和上层社会的人，经常为了寻找最高水平和最好的，转向其他文化。说英文的科学家时不时会接受意大利电台和电视台的访问，对制作人提问的回答会被翻译成意大利文，听众先听到科学家说几句英文，然后会以意大利文画外音的形式听到这些回答。当制作人被问到为何他们不邀请本土科学家来参与节目时，他们的回答是，意大利听众完全不相信意大利文提出的任何科学论断，所以他们一定要通过听英文才能相信这是真的。

没什么比对经济的稀缺性和分配不均的标准讨论更能揭示社会生物学所提倡的狭隘的、不顾历史的主张了。所以威尔逊教授写道："人类社会的成员有时会像昆虫一样紧密合作，但更常见的情况是，他们会为了分属于自己角色部门的有限资源而竞争。其中，最好的、最具创业精神的角色通常会获得高回报，而那些最不成功的角色则只能分得不甚理想的职位。"[8]但是这个描述完全忽视了在现代的各种打猎和采集社会中出现的大量资源共享——比如说因纽特人社会——它甚至完全扭曲了欧洲的历史。在农业封建社会，比如13世纪的法兰西岛，土地无法进行买卖，不存在劳动力的雇佣与解雇，所谓的市场机制不过是少量物品的原始交换，在这样的社会，创业精神是没有用的。当然，社会生物学家意识到他们的概括是有例外情况的，但是他们声称那些例外情况是暂时且非自然的，在缺乏持续的武力和威胁的情况下不会持续很长时间。所以社会可能真像穿着蓝色制服的中国人一样，以所谓的"昆虫方式"来合作，但这只能靠持续的监督和武力来管理。一旦一个人放松了警惕，人们将重回本来的道路。这就像可以制定法律，规定所有人必须跪着走路，虽然在生理上可行但是极其痛苦。一旦放松管理，所有人将再次直立行走。

表面上，这一人性论是对带有现代创业精神的竞争性阶级社会在意识形态上的承诺。但从深层次上看，这是一种更深层次的意识形态——个人主义。这个理论只是名义上叫作**社会**生物学，实际上，我们面对的理论并非由社会引起的，而是由个体引起的。社会的特性被看成由其成员的个体特性造成，这些特性据说源自成员的基因。如果人类社会参与战争，那是因为这个社会里的每个人都很好战。如果男人作为整体支配着女人，或者白人支配黑人，那就是因为每个男人作为个体渴望统治每个女人，每个白人个体只要看到黑色皮肤就会存在个人敌意。社会结构只不过反映了这些个人倾向，社会不过是社会里个人的集合而已，就像文化不过是脱节的碎片、个人喜好和习惯的集合。

上述观点让非常不同的现象变得完全混淆起来，这其中部分是由于语言混淆。很明显，1914 年英国与德国开战并非英国人和德国人有好战性。如果真是这样，我们就不需要征兵了。英国人、加拿大人和美国人与德国人之间互相残杀的原因是时局将他们摆在那样一个位置，他们没得选。拒绝服兵役意味着坐牢，在战场上不服从指令意味着死亡。国家制造了大型的宣传机器、战歌以及关于敌人恶行的故事，以此来使它的人民相信，他们的生命以及他们女儿的贞洁在野蛮人的威胁下处于危险之中。混淆个人好战与国家好战，就是混淆某人被扇耳光时可能感受到的激增的荷尔蒙和控制自然资源、商业路线、农产品价格，以及可获得的劳动力这些战争的起源的国家政治议程。重要的是，我们意识到一个人并不需要对人性的内容有某种看法，也会产生个人导致社会错误的想法。克鲁泡特金王子（Prince Kropotkin）作为一个著名的无政府主义者，同样认为有一种普遍的人性，但如果允许自由发挥，它会创造合作性，并且是反等级制度的。[9]但他的理论同样是一个关于个人的主导地位是社会根源的理论。

在描述了人类社会制度（据说这些制度都是个人本性的结果）的普遍性之后，社会生物学理论继续声称这些个体特性在基因里就编码好了。据说有创业精神的基因，有男性主导的基因，有好战基因，所以两性间、家长与子女间的冲突也被认为是基因编码的。那么人类普遍特性实际上位于基因之内的说法的证据又是什么呢？通常，人们简单认定因为这些特性是普遍的，那么它们就一定是基因性的。一个经典的例子是有关男性主导的讨论。威尔逊教授在《纽约时报》上写道："在狩猎采集的社会，男人外出打猎，女人在家留守，这种强烈的偏见一直持续到大部分农业和工业社会（显然，他还没有跟上女性已经成为劳动力的新趋势），据此而言，似乎有一个基因起源。"[10] 这个论证混淆了观察及其解释。如果上例中的相关度还不够明显，我们可以考虑这样的说法：因为99%的芬兰人是路德教徒，所以他们必须有一个这样的基因。

基因决定人类普遍特性的论断的第二个证据是其他动物展现了相同的特性，因此我们一定同它们有基因连续性。蚂蚁被描述成制造"奴隶"和拥有"女王"。但是蚂蚁的奴隶制对于拍卖台、买卖、人类社会中奴隶关系的商品本质都一无所知。事实上，蚂蚁奴隶们几乎总是属于其他物种，并且与动物驯化有更多的共同之处。同样，蚂蚁也不存在"女王"，被称作"女王"的那位被关在蚁群中心的特殊隔间里被迫当产卵工厂，这与伊丽莎白一世、伊丽莎白二世的生活或她们在社会中不同的政治角色没有相似之处。“奴隶”和“女王”这两个词也不只是方便的标签。蚂蚁的“奴隶制”和“王室成员”被认为与其在人类里的对应物有着重要的因果连续性。据说它们是自然选择力量的产物。

这种对动物的性质和人类社会性质的混淆是**同源**（homology）与**同功**（analogy）问题的例子。因为不同物种有共同的生物起源和某个共同的生物基因谱系，而且来自同一些解剖和发育特征，所以不同物种有一些相同的生物体特征，生物学家管这些特征叫同源特征（homologous traits）。尽管人的胳膊和蝙蝠的翅膀看起来十分不同，功能也十分不同，但两者的骨头是同源的，因为在解剖上它们来自同样的结构，被同样的基因影响。而蝙蝠的翅膀和昆虫的翅膀只是同功的。它们表面相似，功能看上去也相同，但是在基因和结构层面，它们不同源。而在观察者眼里，它们是同功的。我们该如何认定蚂蚁中的奴隶和女王就如同人类奴隶和皇族呢？我们如何判断我们在人类身上看到的胆怯与动物被称作胆怯的行为是一样的呢？于是，人类的分类通过同功的方式用到了动物身上，部分是因为表述方便，于是这些特征在动物身上“被发现”并且重回到人类身上，仿佛它们有着共同起源。实际上并无半点证据证明老鼠在解剖上、生理上和基因基础上表现出的攻击性与1938年德国人入侵波兰有任何相似之处。

人类社会行为有基因基础的第三种证据是人类特性的遗传力报告。例如内向和外向、个人节奏、精神运动和体育运动、性欲亢奋、统治欲、抑郁甚至保守主义和自由主义据说都是会遗传的，但是缺乏这些特性的遗传力的证据。我们必须记住遗传学是一门研究亲属间相似性与不同性的学科，如果近亲比远亲或者非亲属要更为相像，那么我们判定特性是可以遗传的。然而，人类遗传学的问题，尤其是亲属间的相似性不仅仅有生物原因，也有文化原因，因为同样的家庭中各个成员分享着同样的环境。无论我们是在谈论个性特点还是解剖学特征，其一直是人类遗传学的问题。大多数关于个性特点的可遗传性报告都仅是观察到家长和孩子在一些方面彼此相像。北美的家长及其子孙在社会的特性上最为相似的莫过于对政治党派和宗教的选择，但是正常人都不会认为是基因决定了这些特性。对于家长和子孙的相似性观察并不能作为他们生物上相似的证据。这里就存在观察和可能原因的混淆。事实上，没有一例关于人类群体个性特点的研究成功地分开因为共同的家庭经历导致的相似性和基因导致的相似性，所以，事实上我们对于被认为是社会组织基础的人类在性情和智力特性上的遗传力一无所知。

有一个更为深层次的问题是，为了进行遗传力研究，哪怕是一个正确的研究，我们需要个人之间有所不同。如果每个人在某一方面都是一样的，也就意味着所有人在某一特性上有着完全一样的基因，那么就没有办法检验它的遗传力，因为基因研究需要个体之间有不同。社会生物学理论认为所有人有好战、仇外、男性主导等基因。但是如果我们所有人有这些基因，如果进化造成我们在这个人性上相同，那么在理论上就不存在研究特性的遗传力的方法。另外，如果人类在这些方面有基因变异，那么基于什么我们才可以宣布一个或者另一个表现形式是普遍的人性呢？如果人类好斗、好战的本性是由基因决定的话，那么我们必须假设著名的和平主义者 A. J. 穆斯特（A. J. Muste）缺少这个基因，由此在某种程度上他不是人类；如果，从另一个方面来说，他拥有这个基因但是是和平主义者，那么就是这个基因在决定行为方面似乎不那么全能。为什么不是所有人都和 A. J. 穆斯特一样呢？同时断言所有人在某些方面在基因上是相似的，我们的基因在决定行为方面是全能的，但与此同时我们又观察到人与人是不同的，这其中存在着深层次的矛盾。

最后，那些认定基因让我们在特定情形下以特定方式行动的主张在生物学上特别地天真，并且不知道发育生物学原理。DNA 以多种方式影响生物体发育。

其一，蛋白质中氨基酸的序列已经在基因中编码，但是没人会说某一个蛋白质的氨基酸序列本身能够让我们自由或保守。其二，只有在发育过程当中，以及制造身体某个部分的特定蛋白质的时候基因才会产生影响，之后这会反过来影响细胞分裂和细胞生长。所以我们可以说中枢神经系统有一套固定的神经元，它们受发育过程中基因的开合影响，使得我们有人好战而有人爱好和平。但是，这就需要中枢神经系统发育的理论，它不考虑演进过程中的意外事故，对通过经验来创造心理结构也几乎没有作用。相对于人类而言，蚂蚁的工作结构和个体间关系是如此简单，但哪怕是蚂蚁最基本的社会组织，在面对外部世界的信息时也是相当灵活的，蚁群随时间的推移会改变它们的集体社会行为，而且这种改变是基于这个蚁群占领领地的时长。这需要大量的假设去推定，比蚂蚁的神经连接多上千倍的人类的中枢神经系统，对于环境有着完全刻板而固定的遗传回应。人类社会环境有着令人难以置信的多样性，需要大量的DNA，我们根本不具备这么多DNA。人类的DNA足够制造大约25万个基因，假设它通过特殊的神经连接被详细编码，这个数量无法决定人类社会环境那令人难以置信的多样性。一旦我们承认只有最普遍的社会行为才能被基因编码，那么根据情况变化，我们还要允许有大量适应调节的行为存在。

社会生物学论证的最后一步是声称我们拥有的普遍人性的基因已经通过自然选择的进化在我们体内建立。也就是说，曾经人类在好斗、仇外、可被洗脑、男性主导等特性上有着不同程度的遗传差别，但是这些曾经最为好斗的或者是最具有男性主导权的人能够留下更多的后代，所以作为一个物种，我们遗传到的基因就是现在决定这些特性的基因。自然选择的论证对于某些特性而言似乎是一个相当简单而直接的解释，举个例子，自然选择论者说我们祖先中最为好斗的人会留下更多的后代，原因是他们会征服不够好斗的人并最终将之消灭。更具有创业精神的人会占有更多的稀缺资源，从而导致弱者被饿死。这些例子中的任何一个都很容易编造出一个听上去合理但实际上一派胡言的故事，用来解释一种类型比另一种类型的繁衍能力更强。

然而，就算有些特性被认作是普遍的，它们也不能很容易地支持这个个人繁衍优势的故事。一个被社会生物学家探讨过很多的例子是利他行为。为什么我们在一些情形下应该合作？为什么我们有的时候必须放弃触手可及的好处来造福他人？要解释利他行为，社会生物学家提出了亲缘选择理论。对一个特性的自然选择并不要求具有这个特性的个体留下更多的后代，而只要编码了特性的基因能够在后代中大量存在。

有两种方法能够提升一个人的基因在后代中的表现。一种方法是生下更多后代。另一种则是在没有留下更多后代的情况下安排他的亲属生更多后代，因为近亲共享基因。所以如果一个人的兄弟姐妹生下了许多孩子的话，他就可以完全牺牲自己繁衍后代的机会了。因此，他的基因会通过他的亲属间接增加，并通过这种方式间接让其留下更多子嗣。这种现象的一个例子是鸟类中出现的“巢中帮手”，据说无生殖能力的鸟会接济它们的近亲，这样一来有繁衍能力的近亲就可以哺育比正常数量更多的后代，最后留下更多家族基因。为了让亲缘选择理论成功，亲属必须留下足量的后代。举个例子，如果一个个体放弃自己繁殖，它的兄弟姐妹必须繁衍出的后代是正常数量的两倍。虽然不大可能，但有人至少可以编个故事，这可能让这个理论表面上似是而非。

那么我们就剩下了甚至不能令亲属们有所区别地受益的特性了。举个例子，对这个物种所有成员的利他行为。为什么我们要对陌生人好呢？对于这种现象，社会生物学家提供了一种名为“互惠利他主义”（reciprocal altruism）的学说。这个论证是尽管我们没有血缘关系，但如果我帮了你一个忙，那会让我付出一些代价，你就会记得欠我的人情，将来也会报答我。于是通过这种间接方式，我就会成功推进自己的繁殖。一个常见的例子是溺水的人。当你看到有人溺水，你冒着生命危险跳进水中去救那个人。等到你自己溺水的时候，你曾经救起的那个人会记起你的恩情，感激地将你救起。通过这种间接方式，你就增加了自身存活的可能性，并从长远来看提高了繁殖的可能性。当然这个故事的问题就在于，当你溺水的时候，你最不希望来救你的人一定是你曾经救过的那个人，因为那个人不怎么可能会是游泳健将。

当这个或那个理论对解释有用时，解释过程承认直接优势、亲缘选择或互惠利他主义。这个过程真正的困难在于可以编造一个故事来解释任何想象得到的特性的自然选择优势。当我们将个体选择优势与亲缘选择以及互惠利他主义的可能性相结合的时候，我们就能创造有关任一人类特性的选择优势的似是而非的场景。真正的难点在于弄清这些故事是否都是*真正*的。我们必须分清似是而非的故事，*有可能*是真正的事情以及真正的故事，即真实发生过的事情。我们如何知道人类的利他主义的产生是因为亲缘选择或者互惠利他选择呢？至少，我们有可能会问是否有证据证明这样的选择过程正在发生，但事实上，没有人曾经在任何人类中衡量过任一人类行为的真正繁殖优势或是劣势。所有社会生物学对人类行为的进化的解释就像鲁德亚德·吉卜林（Rudyard Kipling）写过的《原来如此——讲给孩子们的故事》（*Just So Stories*）* 那样讲骆驼为什么长驼峰，大象为什么鼻子长。它们只是童话故事。科学被变成了游戏。

两个案例说明了社会生物学推理的整个过程：一个是空想的，只被社会生物学家当作一种教学练习，另一个他们则认真对待。空想的那个案例考虑的问题是为什么未成年人讨厌菠菜而成年人很喜欢它。这个问题由社会生物学家写在高中课本里，其目的是训练高中生的适应性思维。[11] 这种训练的第一步是描述人类的普遍特性。所有未成年人讨厌菠菜。为了寻求这一说法的普遍真理性，只需要环顾四周并询问我们的朋友。此外，我们环顾四周的时候发现成年人是吃菠菜的。这是怎么一回事呢？我们想象有这样一个基因导致未成年人讨厌菠菜但是成年人喜欢它，值得注意的是，并没有证据证明存在这样一个不大可能存在的基因，这只是一个猜测而已。菠菜含有一种物质叫草

* 吉卜林的这本书是幼儿睡前故事，中文版由外语教学与研究出版社出版。——译者注

酸，它会妨碍钙的吸收，而钙又是青少年长高所需要的元素。所以过去，任何一个有着错误基因、吃菠菜的未成年人会发育不全，患上佝偻病并且有可能无法留下很多后代（尽管目前还没有定论，弯曲的腿是否会妨碍繁殖和长寿）。而成年人的骨头已经停止了生长，钙对于成年人就变得不那么重要了，他们可以无任何顾虑地吸收菠菜中的营养，所以没有选择会反对他们的喜好。结果就是，由基因决定的人性的一部分，是未成年人讨厌菠菜但是成年人喜欢它。关于人性的普遍事实，我们有一套完全明确的说辞。不应该让这个案例的愚蠢分散我们对其本质的关注。它意在教授学生有关人性的自然主义论证的所有要素。该案例通过环顾四周进行笼统的观察，它在没有证据的情况下，先猜想是基因导致的，进而讲述一个似是而非，也可能不那么似是而非的故事。

接下来让我们看看如何将社会生物学推理应用于一个社会生物学家认真对待的、广泛讨论的案例中：人类社会中同性恋的存在。据称同性恋是一种生物问题，因为同性恋说到底无法留下后代，同性恋的基因本应该早就消失了，为什么现在还是有同性恋呢？

首先社会生物学家假设同性恋留下相对较少的后代，这就意味着世界上人类的性行为被分成异性性行为和同性性行为，前者留下后代，后者则没有。但是这种描述与我们关于人类性行为的知识并不相符。事实上，世界上并不是只存在两类性行为，与此相反，人类性行为有一个连续体：从只有异性性行为的人，到有更广泛经验的人，到经常是双性性行为的人，再到只有同性性行为的人。根据一系列研究，北美有近一半的男性有过至少一次同性性接触。此外，历史上，上述行为的存在比例在各社会阶层中各有不同。在古罗马和古希腊的上层阶级中存在大范围的双性性行为。的确，在古罗马、古希腊社会中正常的同性性行为与现在的行为是不同的，而且说来也奇怪，我们并未掌握有不同性行为史的人的相对繁殖率的证据。很明显，那些**只有**同性性行为的人在人工授精发明之前未曾留下后代。但是关于只有异性性行为的人与有更广泛性经验的人的繁殖率对比，我们一无所知。所以，举个例子，我们不知道一个有40%异性性行为、60%同性性行为的人留下的后代和一个只有异性性行为的人留下的后代相比，在数量上谁会更多。事实上，我们可以说双性恋是有更强性欲的表现，因此双性恋会留下更多后代。我们并不知道答案。

其次，绝对没有证据证明不同性取向的人们存在任何基因差异。如果同性恋没有留下后代是真的，那么在研究同性性行为的遗传力上面就存在问题。事实上，对性取向的遗传力的研究并不存在，所以基因差异导致性取向不同的言论纯粹是异想天开。

最后是有关那个社会生物学家讲述的“巢中帮手”的故事，这个进化的故事存在问题。他们声称过去同性恋并不会留下后代，但是他们会通过分享资源从而帮助自己的异性恋兄弟姐妹哺育更多后代，这样做的报偿就是可以保持群体中同性恋的基因。我们必须记住没有繁衍后代的同性恋者必须非常好地帮助他们的兄弟姐妹，以至于这些亲属的后代数量是平常的两倍，只有这样亲缘选择才能起作用，但是人类社会中并无证据证明存在“巢中帮手”。如果我们遥远的史前祖先和现代狩猎采集的人有任何相似之处，那么资源的普遍共享不仅是家庭内部的普遍现象，而且是整个村庄的普遍现象，因此，“巢”中包括了非亲。但是，我们对于目前有同性恋兄弟姐妹的人的后代的相对数量一无所知，因为没有人关注过这种类型的家庭有多少成员。

因而，关于人类性取向的进化基础的整个讨论从头到尾是一个编造的故事。但是这的确是一个出现在教科书、高中和大学课程，以及流行的书籍和期刊上的故事。通过国内外媒体和著名教授背书，这个故事获得了合理性。它有了科学的权威性。从某种重要意义上来说，它是科学，因为科学不仅是关于世界的真实事实的集合，还是由被称作科学家的人们提出的断言和理论构成的物体。科学在很大程度上是由科学家关于世界的言论组成的，不管世界的真实情况是怎样的。

科学不仅仅是致力于控制物质世界的制度。它还有形成人们关于政治和社会世界的意识的功能。从这层意义上来说，科学就是教育一般过程的一部分，科学家的主张是许多事业形成意识的基础。一般来说，教育，特别是科学教育，不仅是为了让我们有能力控制世界，而且是为了让我们形成自己的社会态度。在这一点上看得最清楚也是最诚实的人是美国历史上最保守的政治人物之一——丹尼尔·韦伯斯特（Daniel Webster），他写道："教育是一种聪明又自由的警察形式。通过它，财产、生命，以及社会的和平都得到了保障。”

第五讲 科学作为社会行动

前面的几讲都是与现代生物学一个特定的意识形态偏见有关。这个偏见是我们的一切最终编码在DNA里，这其中包括我们的疾病和健康、贫穷和富裕，以及我们所处的社会结构。用理查德·道金斯的暗喻来说，我们就是由我们的DNA、身体和精神创造的笨拙的机器人。但是自我们出生起就完全受自身内部力量支配的这种观点，是名为**还原论**（reductionism）的深层意识形态承诺的一部分。还原论认为世界被分割成零碎的部分，每一部分都有自身的特点，合在一起构成了更大的事物。例如个人组成社会，社会只是个人特性的展示。个人内在特性是根源，而社会整体特性是这些根源造成的结果。生物界的这种个人主义的观点只是对18世纪资产阶级革命意识形态的表现，认为个人是一切事物的中心。

这种把个人视为根源、社会视为其结果，个人特性具有自主性的观点，不仅导致我们认为，是超出我们控制范围的内部力量支配着我们个人，还让我们认为外部世界有其零碎的部分、法则，作为人我们需要面对它，但无法影响它。就好比基因完全在我们内部，环境完全处于我们的外部，而作为参与者，我们只能听凭内部世界和外部世界的摆布。这样就造成了割裂先天和后天的错误。与那些认为我们解决问题的能力、智力由基因决定的人相对，有另一类人认为我们的智力是由环境决定的。因而引发了是先天还是后天占据了主导地位的争论。

先天与后天、生物体与环境的区分，可以追溯到查尔斯·达尔文（Charles Darwin），他最终把生物学带入现代机械的世界观之中。在达尔文之前，通常的观点认为外部事物和内部事物都是同一个系统的一部分，并且彼此影响。达尔文之前，最著名的进化论来自让–巴蒂斯特·拉马克（Jean-Baptiste de Lamarck），他相信个人特性的获得是依靠遗传。环境的改变造成了身体的改变或者生物的行为的改变，而且有观点认为由环境导致的变化会进入生物体的遗传结构，一代一代传递下去。这种观点没有分离外部和内在，原因在于外部改变会进入生物体，并在其后代中延续。

达尔文则完全否定了这种世界观，取而代之的是生物体与环境完全分离。外部世界有其自身的规律、自身的运行机制。生物体应对外部世界，经历外部世界，要么成功地适应，要么就失败。根据达尔文的观点，这种生命的法则就是“适者生存”。那些能够应对外部世界问题的生物体将存活并留下后代，而其他生物体将会失败。物种将会改变，并不是由于环境直接造成生物体身体上的改变，而是因为能够机智应对自然问题的生物体可以繁衍更多与其相似的后代。达尔文主义的深层论点是区分产生问题的环境的力量与生物体内部随机产生的解决问题的力量，其中，正确的解决方案会被保留下来。外部力量和内部力量互相独立。这两者之间的唯一连接是被动的。只有碰巧幸运地在内外部的变化之中找到相吻合之处的生物体才能存活。

达尔文的观点对于我们成功阐明进化必不可少。拉马克就是错在了对环境影响遗传方式的阐述上，而达尔文区分生物体和环境的做法是正确阐述自然力量相互作用的至关重要的第一步。但问题是，这仅仅是**第一步**，而我们依然停留在这一步。现代生物学变成了完全忠于“生物体只是外部和内部力量较量的战场”这一观点。生物体是外部和内部活动的被动结果，这结果超出了其本身的控制。这个观点产生了重要的政治影响。这意味着世界处于我们控制之外，我们必须在发现它时利用它，并且需要在穿越生命雷区时做到最好，好好利用基因所提供给我们的一切，最终完好无损地到达生命彼岸。

自然为我们设定外部环境的这一观点是如此特别，并且从根本上无法改变。除开在某些程度上我们可能破坏外部环境甚至破坏自然先于人类创造的精妙平衡，其观点的特别之处就在于它与我们对于生物体和环境的认知完全相违背。当我们摆脱了原子论和还原论意识形态的偏见，正视生物体与周围世界的真实关系时，我们就会发现更多、更丰富的关系，而这些关系对社会和政治行为的影响不同于我们往常的设想，例如，环境运动。

首先，“环境”不是独立和抽象的。就像生物体不能脱离环境，环境也不能脱离生物体。生物体不是经历环境，而是创造环境。生物体通过自身的活动，从零碎的物理和生物世界，构造起它们的环境。对于鸟而言，我家花园的石头和草是其生存的环境吗？草显然属于东菲比霸鹟*的生存环境的一部分，东菲比霸鹟收集干草来搭建鸟巢。但是附近生长着草的石头与

* 东菲比霸鹟（Sayornis phoebe），一种雀鸟，繁殖地区从加拿大东南到美国东部，冬天则向南远达墨西哥中部。——译者注

东非比霸鹟没有关系。另一方面，石头又是画眉生存环境的一部分，画眉用石头来打碎蜗牛壳。对于住在树洞里的啄木鸟，草和石头都不是它的生存环境。这就是说，生物体是通过自身生命活动来与外部的事物建立联系的。如果草是用来筑巢的，那么草就是环境的一部分；如果石头是用来打破壳的，那么石头就是环境的一部分。

世界的各个部分可以通过无数种方式构成不同的环境，而我们只有通过研究生物体来认识它的环境。我们不仅仅要研究生物体，还需要用生物体行为和生命活动的方式来描述其环境。如果对这些有疑问，可以尝试让专业的生态学者描述某些鸟类的环境。他或她可能会说下面的话："这种鸟在离地三尺的阔叶树上筑巢，它们一年中某些时候吃昆虫，但当昆虫不够的时候会吃种子和坚果。它们冬天南飞，夏天飞回北方。觅食时，它习惯待在更高的枝杈上，以及树枝的外端。"诸如此类。生态学者对这只鸟的环境描述就是对其生命活动的描述，这个过程体现了生态学者通过观察鸟类来认识鸟类生存环境这一事实。

生物体确定和定义了环境，脱离了这一点描述环境就变得困难，一个实际的例子就是火星着陆器。在美国决定往火星发射着陆器时，生物学家想知道火星是否存在生命，因此解决这个问题就需要设计一款机器来探测火星上的生命。曾有几个有趣的提议。一种方案是发射一个带有长的有黏性的管子的显微镜，在火星表面展开，收回之后在显微镜下观察覆盖在上面的物体。如果有看起来像生命体的东西，我们会在传回地球的图像中看到它。这可以叫作生命的形态学定义。如果它看起来正常并且摆动，那么它就是活着的。

后来采用了一种更先进的方式。不是考察火星上是否有看起来活着的东西，而是决定考察是否有生命的新陈代谢。因此火星着陆器上装置了一个内置放射性生长培养基，连接真空吸尘器和一根长软管。当着陆器到达火星，吸尘器将把灰尘吸入媒介中，如果灰尘中存在活着的生物体，那么这些生物将会像地球上的细菌一样，分解媒介，产生带放射性的二氧化碳，检测器将会显示气体的产生。而且这一切真的发生了，当火星着陆器吸入灰尘时，人们以为是火星上的生命体通过发酵培养介质产生了放射性二氧化碳。这个过程随后突然中止了，不再继续发酵。这种情况不是活的生物体应该做的，结果带来了科学上的疑惑。经过针对该实验的争辩，最后结论为火星上没有生命。相反，科学家认为这是一种分子催化细微土壤粒的化学反应，最终达成共识。后来，在实验室模拟出了这种反应，现在所有人认为当时的判断是正确的，火星上没有生命。

这个实验之所以会出现问题，是源于一个事实，即生物体决定了它们的生存环境。我们要怎样知道火星上是否存在生命呢？我们为火星上的生命提供一个环境，并考察生命是否能在该环境生存。但是，除非我们看到火星生物，否则如何能知道火星生物的生存环境呢？所有火星着陆器的实验可以得出一个结论：火星上没有类地球的细菌生物。我们可以了解到火星上的温度、大气成分、湿度和土壤，但是我们无法知道火星生物的生存环境是什么样子的，原因在于环境并不是由温度、气体、湿度和土壤构成的。环境是世界零碎的部分的相互关系有组织地结合而成的，而这种结合是由火星生命自己创造的。

我们需要用构建论的生命观来代替适应论的观点。不是生物体找到环境，如果不调整自身来适应环境，就会死亡。它们实际上是通过各种零碎的事物构造出了它们的生存环境。在此意义上，生物体的环境是被它们的DNA编码的，我们站在与拉马克相对的立场上。拉马克认为外部环境的变化导致内部结构的变化，而反过来说是正确的。生物的基因影响它们的行为、生理和形态，同时也帮助构造了它们的生存环境。因此，如果在进化中基因发生改变，那么生物体的生存环境也会发生改变。

让我们来考虑一下一个人的直接环境。如果用探测空气中折射率差异的纹影光学来拍摄一个人的影片，可以观察到我们身体完全被一层温暖、潮湿的空气围绕着，从我们的腿部缓慢升起，然后是躯干，直到头顶上消失。实际上，所有生物体，包括树木，由于新陈代谢有一层温暖空气围绕着。结果就是，我们被我们自身新陈代谢活动所制造的一个小环境密封起来了。这样的一个结果，我们称之为寒风因素。当风吹过时我们觉得更冷，因为风吹走了我们的边界层，使皮肤暴露在另一组温度和湿度中。考虑一下在人体表面吸血的蚊子。蚊子完全进入我们构造的边界层，在温暖潮湿的环境中。然而，所有生物体常见的进化变化之一是身体大小的变化，通过一次次进化，生物体不断增大。如果蚊子进化得越来越大，在它们吸血的时候只有膝部以下在温暖潮湿的边界层中，而背部在“平流层”。结果是进化使得蚊子进入了完全不同的环境。此外，人类在进化初期丢失了大量毛发，汗腺在身体上的分布发生了变化，人类身体边界层的厚度发生变化，从而改变了微观世界，变得更不适合跳蚤、蚊子和其他寄生在多毛动物身上的寄生虫。生物体与环境的真实关系的首要规则是，环境在没有生物体的情况下不存在，是由生物体从外部世界的零碎中构造出来的。

规则之二是那些生物体一生会经常重新构建环境。当植物将其根部伸向地底时，改造了土壤的物理性质，使其松散并透气；植物散发出有机分子和腐殖酸质，改变了土壤的化学特性。它们使得各种有益的真菌与它们共存，并渗透到它们的根系中。植物吸收水分，改变了地下水水位。它们改变邻近区域的湿度；上层的树叶挡住阳光，改变了下层树叶的光照量。加拿大农业部为了农业目的记录天气，并不是在开阔地带或者建筑物屋顶设立气象站。由于植物会经常改变与农业相关的物理条件，因此他们在种植植物的田野里测量地面上不同水平的温度与湿度。鼹鼠在地下打洞。蚯蚓通过粪便完全改变了局部拓扑。直到 19 世纪初，海狸对北美景观的影响至少和人类一样重要。你的每次呼吸都消耗了氧气，增加了二氧化碳。莫特·萨尔（Mort Sahl）曾经说过："记住，无论你何等残忍、可恶还是邪恶，每次你呼吸，你都会使一朵花快乐。"

所有活着的生物体在不断地通过吸收物质和排出其他物质来改变其所生活的世界。所有的消耗行为同时是生产行为。当我们消耗了食物，我们不仅生产了气体，也生产了固体废料，而这些固体废料反过来是某些其他生物的消耗品。

生物体的生命活动引起环境变化是普遍情况，这种改变会导致每个生物体既制造又破坏它们生存所依赖的条件。有很多关于我们人类是如何破坏环境的讨论。但我们并不是独一无二的，我们的生命过程正在以某种程度上不利于我们生命延续的方式重塑这个世界。例如所有细菌消耗食物后排出的废物对它们自身是有毒的。生物体破坏世界不仅是为了它们自己的生命，而且是为了它们的孩子。

新英格兰的整个植被景观就是这个过程的结果。

新英格兰的原始森林由阔叶树、松树和铁杉组成，在18世纪末和19世纪，农业的推广致使所有这些森林被砍伐，林地变耕地。就在南北战争前后，大规模的移民从新英格兰的石质土地区迁移到中西部深厚而肥沃的土地区。在石质土地区，人们几乎无法种植作物。结果，农田荒废而植物开始悄悄进入。最开始出现的是各种草本植物和野草，后来被白松取代。20世纪前期，在新英格兰，可以看到许多这样的白松林，但是它们并没有持续多久，这些松树遮住阳光造成密集阴影，不利于它们的幼苗生长，因此它们无法相互替代。当白松死亡，或者像在新英格兰那样，被大量砍伐时，阔叶树开始出现，它们的幼苗一直在等一个小小的机会。白松永久消失了，除了偶尔出现的一棵老树，类似原始森林的结构开始出现。阔叶树接替了白松，是松树改变光照和土壤的结果，以至于松树自己的后代无法接替它们。代沟这种现象，不仅仅适用于人类。

因此，我们要抛开这样一个观念，即世界是永续不变的，只有人类在干扰和破坏它。像其他生物一样，我们当然在改变着世界，而且我们有着其他生物不具备的能力，我们可以非常迅速地改变世界，并且按照我们的意愿，以我们认为有益的各种方式来改变世界。然而，若不改变环境，我们无法生存。这就是生物与环境的关系的第二条规则。

第三，生物体决定环境的统计性质，这至少适用于环境对生物体产生影响的范围内。生物体能够随时间平均，并缓和物理因素的波动。一个重要的例子是动植物存储阳光的方式。在温带，尽管不是一年四季都适合动植物生长，也不是都有良好的营养条件，但不是只有农民才会好好利用阳光晾晒干草。比如马铃薯是马铃薯植株的存储器官，橡子是橡树的存储器官。其他生物反过来也利用这些存储器官为自己存储。松鼠为过冬储存了橡子，而人类存储了马铃薯。作为人类，我们还有更高级的方法来维持平衡——金钱。金钱是一种方式，通过期货合约，自然产品供应的波动被市场消除，通过储蓄银行，我们将钱存入那里以备不时之需。因此事实上，生物体在生理层面上不会感知到外部世界中很大一部分波动。

相反，生物体有对外部世界改变的速率而非资源的真实水平做出反应的技术。例如，水蚤有时是有性的而有时是无性的。当环境产生急剧变化时——例如水中的含氧量的变化、水温的变化、食物供应量的变化等——它们会从无性繁殖转化成有性繁殖。单纯的高温或低温不会让它们改变，只有在温度急速升高或降低时它们才会。它们是纯粹且简单的变化的探测器。我们的视觉系统同样也能灵敏地探测变化。我们的中枢神经系统对图像进行复杂的处理，让我们观察到边缘光强度的差异，比物理和电子仪器更精准。这是通过在小间距下放大差异实现的。因此我们有着比光学扫描仪更出色的视敏度。生物与环境的第三条规则就是，只有当生物体改变它们时，这个世界的波动才起作用。

最后，生物体实际上改变了来自外部世界的信号的基本物理性质。当房间里的温度升高，我的肝脏察觉到这一变化，之所以察觉不是因为温度升高，而是因为血糖浓度和某些荷尔蒙的浓度的变化。开始是空气分子震动速度的变化——温度的变化——转化成体内的某些化学物质浓度的变化。这种转化的本质是基因作用的结果，对解剖学和生理学有极大的影响。当我在沙漠中实地考察时，听到和看到一条响尾蛇，稀疏的空气震动着我的耳膜，光的光子进入我的眼睛，我的中枢神经系统将稀薄和光子转化成化学信号，肾上腺素突然开始流动。但是这些震动和光子如果是进入另一条蛇的体内，它接收到完全相同的景象和声音，会产生截然相反的化学信号，特别对一条异性的蛇来说。这种一个信号转化成另一个信号的差异被编码在人类基因和蛇的基因的差异中。生物体与环境关系的最后一条法则是，与生物体相关的环境的物理性质是由生物体自身决定的。

也许有人会反对说，这种生物体与环境互动的画面全部很好，但是忽略了生物体无法控制外部世界的一些明显的方面。一个人发现了重力定律，但是无法克服重力。但是这种说法事实上也不对。生活在液体里的细菌感受不到重力，因为它们身形微小，而且其浮力使它不受实质上很弱的力的影响。但是细菌的大小是由细菌的基因决定的，因此重力与我们是否相关，取决于我们和细菌基因上的差异。

另外，细菌可以感知到我们不能察觉的作用力——布朗运动的作用。正是由于细菌太小，它们会受到它们所悬浮在的液体中分子运动的作用，从一边连续碰撞到另一边；而我们，幸运的是，由于太大，不会由于受到连续撞击，从屋子一边摇晃到另一边。自然界所有的作用力取决于它们对大小、距离、持续时间的影响。生物体的大小、转化它的状态和位置的速度，与其他生物体大小和种类的差异，都受到基因的极大影响。很重要的一点是，环境的作用力在多大程度上与生物体相关，是由被编码在这些生物体中的基因决定的。正如我们不能说生物体仅仅是它们基因的产物，而必须要认识到基因在生物体的发育和活动过程中与环境的相互作用，所以反过来，我们也不能错误地说生物体面对的是一个自主的外部环境。只有通过与生物体基因的相互作用，环境才能影响生物体。外部环境与内部彼此密不可分。

生物体与环境之间的关系对现在的政治和社会运动有着重要的影响。有一个普遍的认识是，世界在许多方面正变得越来越不适宜居住，人们受到越来越多的威胁，而且在不远的将来，世界有很大概率变得极其不适宜居住。天气可能会变暖很多。我们可能将承受比现在多得多的紫外线，空气污染和各种有毒物质导致疾病甚至死亡，并且我们认识到这些变化都是人类活动造成的。人类应该希望创造一个他们可以过得幸福、健康而又相当长寿的世界，这是完全正确的。但是我们不能站在“拯救环境”的横幅下做这些，因为这个标语认为，自然创造了环境，我们由于愚蠢正破坏环境。它同时也认为自然是平衡的，即所有事物处于平衡与和谐之中，而这种平衡与和谐之所以会被破坏，只因人类的愚蠢和贪婪。

就我们对世界的所知，不存在特别的平衡或和谐。自地球诞生之日起，物理世界与生物世界一直持续变迁和改变，其剧烈程度超过了现在任何人的想象。事实上，我们所认为的环境，大部分是活着的生物体的创造。我们都在呼吸并希望可以一直呼吸着由 18% 的氧气与少量二氧化碳构成的空气。但是在生物诞生之前，地球上并不存在这样的大气层。大多数氧气被化学物质束缚。氧气是极不稳定的混合物，而且不能以自由形态稳定存在。但是地球曾经有着高浓度的自由的二氧化碳。在地球早期，由于藻类和细菌的作用，二氧化碳沉积在石灰岩和白垩中；后来又由于植物，沉积在煤和石油中。本来根本不存在的氧气，由于植物的活动被释放到大气中，然后动物在早期生物体为其创造的世界里进化。仅在 6 万年以前，加拿大还是完全冰封的，美国中部也一样。这一环境从没存在过，也从不存在平衡或和谐。99.999% 存在过的生物都已经灭绝，最后所有的生物会灭绝。实际上，生命存在的时间已经过去一半。我们估测生命起始于大约 30 到 40 亿年前，从恒星演化过程中也知道太阳会在 30 到 40 亿年后膨胀并烧毁地球，到时一切将终结。

因此，任何理性的环境运动必须抛弃那种浪漫又完全毫无依据的意识形态上的承诺，它承诺会有一个环境得到保护的和谐平衡的世界。然后转而问真正的问题，人们希望以何种方式生活，以及如果以这样的方式生活应该做何安排？人类的确有异于其他生物的特点，不是破坏性，而是规划将要在世界发生的改变的能力。他们无法阻止世界的改变，但是可以通过合适的社会组织，将改变引导到有利的方向，如此一来，人类也许有能力将其灭绝时间推后几十万年。

在生物能力上人类是否能够重新安排自身的未来？这一问题将我们带回到人性和其生物确定论的问题。如果社会生物学家是正确的，那么人类基因编码有限制性，让他们个体具有创业精神、自私、好斗、仇外、以家庭为导向、倾向于支配、自利，从而排除了社会彻底重组的任何真实的可能性。你无法对抗人性。另一方面，如果克鲁泡特金是正确的，也就是说人类在生物上朝着合作前进，而历史上一直被人为地推离合作，如此一来重新安排是可能的。所以看起来，我们需要知道人类个体生物限制的真相。毕竟，我们无法越过作为我们生物天性一部分的那些限制。也许我们真的最好对整个人类 DNA 进行测序，因为这是了解人类限制的第一步。尽管这是不够的。威尔逊教授在其著作《社会生物学：新的综合》中这样写道：

> 如果决定将文化打造成符合国家生态稳定的要求的文化，那么一些行为能够通过经验转变，不造成情感创伤或者创意缺失，另一些则不能……我们不知道到底有多少最具价值的品质在基因上与更过时的破坏性品质相连接。与小组成员的合作性也许伴随着对陌生人的攻击性，创造性也许伴随着占有欲和统治欲。如果有规划的社会——在 21 世纪，这种社会的到来看上去是不可避免的——有意引导它的成员克服那些曾经给破

> 坏性表型带来达尔文主义优势的压力和冲突，那么其他表型就可能随之减少。从最终的遗传意义上来说，社会控制将会从人身上抢走人性。[1]

上面这段话暗示，我们需要知道一个人行为不同方面之间的基因连接，因为如果不这样做，我们可能会在试图让其变得更好的错误尝试中将整个世界毁灭。

对于生物信息的需求，以及认为社会最终需要由理解基因的技术精英引导的观点，完全混淆了个人的特性与限制同他们创造出来的社会制度的特性与限制。政治的最终表现所信奉的是个体的“自主部件”决定着他们组装出来的集体的特性。

但是当我们观察社会的时候，我们发现将上述言论反过来才是对的。如果我们要去描述社会组织的特性及其后果，那么结论就是社会组织并没有反映个体生物的限制，而是否定个体生物限制。没有人可以通过扇动四肢而飞起来。这的确是因为我们自身尺寸以及我们肢体尺寸的生物限制。如果大量人群在一个地点聚集起来并同时扇动四肢，同样也不可能飞起来。

但我去年的确飞去了多伦多，这种飞行能力是社会行为的结果。飞机和机场是教育制度、科学发现与货币组织、石油的生产和提炼、冶金、飞行员的训练、政府创建空中交通管制系统的行为的产物，所有这些是社会产物。这些社会产物凝聚到一起，使得我们作为个人可以飞起来。

重要的是，要注意到尽管飞行是社会产物，但并非社会在飞行。社会无法飞行，是个体可以飞行。但是个体能够飞，是社会组织的结果。

夏洛克·福尔摩斯（Sherlock Holmes）就曾经向华生医生（Dr. Watson）解释他并不知道是太阳绕着地球转还是地球绕着太阳转，因为这件事无论怎样对于他自己都没有影响。他将人的大脑类比成阁楼，在这个阁楼里只能存放一定量的木材，每当有新的事实加进来，它就会代替旧有的储存。任何人的记忆都是有限的，如果“记忆”指的是一个人可以从脑海中提取出来的事物数量。没有哪个研究健康与疾病史的历史学家能够记住所有死亡的案例或者 19 世纪以来所有的人口数据。但是历史学家又的确能够记住这些事实，因为他们可以查阅书籍，书籍是社会产物，因为它们为图书馆所有。所以社会行为使得我们能够记住我们作为孤立的个体所不能记住的东西。

将个体作为真空中孤立的实体，并由此来理解的个人的生物限制，对于社会中的个人来说，并不是个人的生物限制。我们并不是说整体大于部分之和，而是说，除非将其放置在整体的环境下，不然无法理解各部分的特性。在某些孤立的意义上，部分中没有个体的特性，而只有在发现它们的整体环境中才有。人性的理论所说到的要去个体基因的产物和由这些基因引起的个体限制，或外部世界的固定的、除非以破坏性的方式否则无法改变的特性中寻找这种本性的做法，忽略了全部要点。

事实上，人类社会和政治组织是我们作为生物个体的反映，毕竟因为我们是自身基因同外部世界互动影响下发展的物质性的生物体，要说我们的生物学与社会组织毫无干系当然是不对的。问题就在于，我们生物学上的哪一部分是与社会组织相关的呢？如果我们要选择人的某一样简单的生物特征作为最重要的选项，那么答案是我们的尺寸。我们基本上都是 5—6 英尺高（约 1.5—1.8 米）的事实造就了我们所知道的所有的人类生活。在格列佛的小人国中，据说人只有 6 英寸（约 0.15 米）高。事实上不可能拥有他所描述的那种文明，因为 6 英寸高的人，不论他们是如何被塑造和形成的，都无法创造技术文明的基础。比如说他们无法融化铁。他们也无法挖矿，因为 6 英寸高的生物无法通过挥动一把微型的鹤嘴锄打碎岩石来获取足够的动能，这也就是为什么小宝宝们摔下来并不会伤到自己。小人国的国民也不能控制火，因为他们能够放进火里的小树枝会立马烧完。他们也不可能想到挖矿或者能够说话，因为他们的大脑从身体上来说太小了。中枢神经系统或许需要一定大小才能拥有足够的神经元连接和足够复杂的语言拓扑结构。对于蚂蚁的大小来说，蚂蚁可能是非常强大、非常聪明的，但是仅凭它们的大小就决定了它们永远无法写关于人的书籍。

关于人类基因最重要的事实是它们帮助造就我们的大小并且让我们拥有很多连接的中枢神经系统。但是，没有足够的基因来决定神经系统的具体形状、具体结构，以及属于这个结构一方面的意识的具体形状、具体结构。然而，正是我们的意识创造了我们的环境、环境的历史，以及它未来的发展方向。然后，我们的意识就为我们提供了对基因和我们生活形态之间关系的正确理解。

我们的 DNA 对于我们的解剖和生理有着重要影响。具体来说，它使作为人类特征的复杂大脑成为可能。但在使这样的大脑成为可能后，基因使人性成为可能，这是一种社会本性，我们不知道它的限制和可能的形状，除非我们知道人类意识已经使之成为可能。西蒙娜·德·波伏娃（Simone de Beauvoir）聪明而深刻的箴言这么描述人性："人性在人不具有本性之中。"

历史远远超越了任何狭隘的限制，无论是限制我们的基因的力量还是环境的力量。就像英国议会的上院在其同意的一连串改革法案（Reform Acts）中，摧毁了它自身限制英国政治发展的力量一样，让人类意识发展成为可能的基因，也放弃了它们决定个体与个体的环境的力量。它们已被一种全新级别的因果关系所取代，也就是有着自身规律和特性的社会互动，这些规律和特性只有通过独一无二的体验形式才能被理解与探索，那就是社会行动。

注释

第一讲 一个合理的怀疑论

［1］ C. B. 麦克弗森,《占有性个人主义的政治理论》(*The Political Theory of Possessive Individualism*)，纽约：牛津大学出版社，1962 年。

第二讲 全部存于基因之中？

［1］ R. J. 赫恩斯坦,《唯才是举体制中的智商》(*I. Q. in the Meritocracy*)，波士顿:利特尔 & 布朗出版社，1973 年，第 221 页。

［2］ L. F. 沃德,《教育》(“Education”)，普罗维登斯：布朗大学特藏组手稿，1873 年。

［3］ A. R. 简森,《我们能够在多大程度上提升智商和学术成就？》(“How much can we boost I. Q. and scholastic achievement?”)，载《哈佛教育评论》39（1969），第 15 页。

［4］ C. C. 布里格姆,《美国智力研究》(*A Study of American Intelligence*)，普林斯顿:普林斯顿大学出版社，1923 年，

第 209—210 页。

[5] H. L. 加列特,《向下繁殖》(*Breeding Down*),弗吉尼亚州里士满:帕特里克亨利出版社,无年份。

[6] H. F. 奥斯本,信件,载《纽约时报》杂志版,1924 年 4 月 8 日,第 18 页。

[7] R. C. 列万廷、S. 罗斯和 L. J. 卡明,《不在我们的基因之中》(*Not in Our Genes*),纽约:万神殿书局,1984 年,第 101—106 页。

[8] L. J. 卡明,《智商的科学和政治》(*The Science and Politics of I. Q.*),马里兰州波托马克:厄本姆出版社,1974 年。

[9] 同上注。

[10] A. R. 简森,《我们能够在多大程度上提升智商和学术成就?》("How much can we boost I. Q. and scholastic achievement?"),载《哈佛教育评论》39(1969),第 15 页。

[11] B. 蒂泽德(B. Tizard),《智商和种族》("IQ and Race"),载《自然》247(1974 年),第 316 页。

[12] R. C. 列万廷,《人类多样性》(*Human Diversity*),旧金山:科学美国人图书公司,1982 年。

第三讲 原因及其结果

[1] E. M. 伊斯特和 D. F. 琼斯,《同系繁殖和杂交繁殖》(*Inbreeding and Outbreeding*),费城:利平科特,1919 年。

第四讲 教科书中的一个故事

[1] E. O. 威尔逊,《社会生物学:新的综合》(*Sociobiology: The New Synthesis*),马萨诸塞州剑桥城:哈佛大学出版社,1975 年。

［2］ E. O. 威尔逊,《社会生物学：新的综合》，第 562 页。

［3］ 同上书，第 561 页。

［4］ 同上书，第 119 页。

［5］ 同上书，第 556 页。

［6］ 同上书，第 575 页。

［7］ 同上书，第 552 页。

［8］ 同上书，第 554 页。

［9］ P. A. 克鲁泡特金,《互助论》(*Mutual Aid*，1901)，第一章。

［10］ E. O. 威尔逊,《人性即兽性》("Human decency is animal"),载《纽约时报》杂志版,1975 年 10 月 12 日,第 38—50 页。

［11］《探寻人性》(*Exploring Human Nature*)，马萨诸塞州剑桥城：教育发展中心，1973 年。

第五讲 科学作为社会行动

［1］ E. O. 威尔逊,《社会生物学：新的综合》，第 575 页。

作者简介

R. C. 列万廷（R. C. Lewontin，1929—2021），世界知名遗传学家、进化生物学家，也是数学家、社会评论家，曾荣获瑞典皇家科学院克拉福德奖、美国自然学家学会塞沃尔·赖特奖等殊荣。他是发展群体遗传学和进化论数学基础的先驱，率先将分子生物学应用于遗传变异、生物进化等领域。他于 1951 年获得哈佛大学的生物学学士学位，此后继续在哥伦比亚大学攻读数理统计和动物学硕士；毕业后在北卡罗来纳州立大学、罗彻斯特大学、芝加哥大学和哈佛大学任教；另著有《三重螺旋：基因、有机体、环境》（*The Triple Helix: Gene, Organism, and Environment*）等，长期为《纽约书评》（*The New York Review of Books*）供稿。

译者简介

罗文静，香港大学跨学科语言教学硕士，从事英文教学，曾担任市级政务翻译。

《培养想象》
- 诺思罗普 · 弗莱 _ 著
《画地为牢》
- 多丽丝 · 莱辛 _ 著
《技术的真相》
- 厄休拉 · M. 富兰克林 _ 著
《无意识的文明》
- 约翰 · 拉尔斯顿 · 索尔 _ 著
《现代性的隐忧：需要被挽救的本真理想》
- 查尔斯 · 泰勒 _ 著
《偿还：债务和财富的阴暗面》
- 玛格丽特 · 阿特伍德 _ 著
《叙事的胜利：在大众文化时代讲故事》
- 罗伯特 · 弗尔福德 _ 著
《必要的幻觉：民主社会中的思想控制》
- 诺姆 · 乔姆斯基 _ 著
《作为意识形态的生物学：关于 DNA 的学说》
- R. C. 列万廷 _ 著
《历史的回归：21 世纪的冲突、迁徙和地缘政治》
- 珍妮弗 · 韦尔什 _ 著
《效率崇拜》
- 贾尼丝 · 格罗斯 · 斯坦 _ 著
《设计自由》
- 斯塔福德 · 比尔 _ 著
《权利革命》
- 叶礼庭 _ 著